Dr. Heinrich Eder

Antik- und Classic-Flugmodelle

mit über 100 bebilderten Modell-Portraits

Verlag für Technik und Handwerk neue Medien GmbH
Baden-Baden

vth - Fachbuch
Best.-Nr.: 310 2291

Redaktion: Maleen Thiele
Layout: DiTech Process Solutions, India

Bibliografische Information der Deutschen Nationalbibliothek:
Die Deutsche Nationalbibliothek verzeichnet diese Publikation
in der Deutschen Nationalbibliografie; detaillierte bibliografische
Daten sind im Internet über http://dnb.d-nb.de abrufbar.

ISBN 978-3-88180-509-4
1. Auflage 2021 by Verlag für Technik und Handwerk neue Medien GmbH
Postfach 22 74, 76492 Baden-Baden

Printed in Germany
Druck: Colordruck Solutions GmbH Leimen

Antik- und Classic-Flugmodelle

mit über 100 bebilderten Modell-Portraits

Dr. Heinrich Eder

Verlag für Technik und Handwerk neue Medien GmbH
Baden-Baden

Inhaltsverzeichnis

Über den Autor

Heinrich Eder beschäftigt sich seit seinem 11. Lebensjahr mit dem Modellflug. Nach dem Studium der Physik und dem Start ins Berufsleben, stieg er in den magnetgesteuerten Hangflug ein, war bei nationalen und internationalen Wettbewerben erfolgreich und wurde Deutscher Vizemeister in dieser Disziplin. Der Autor war des weiteren beim Muskelkraftprojekt „MUSCULAIR" von Günther Rochelt beteiligt, wobei der Kremer-Preis gewonnen wurde. Auch beschäftigte er sich mit dem Erlernen des manntragenden Segelfliegens. In Zusammenarbeit mit dem Max-Planck-Institut für Ornithologie befasste Eder sich zudem intensiv mit der Vogelflugforschung - vorwiegend über den Flug der Störche. Hierbei führte er zahlreiche Flugmessungen mit einem Infrarotlaser durch. Die Ergebnisse dieser Forschungen flossen in mehrere Veröffentlichungen und Vorträge ein. Während seiner beruflichen Tätigkeit als Strahlenschutz-Physiker, war Dr. Eder auch neun Jahre als Juror beim Landeswettbewerb Bayern von "Jugend forscht" tätig. Für seine umfangreiche Jugendtätigkeit bei Modellbaukursen am Deutschen Museum erhielt er 2019 die weißblaue Verdienstmedaille des Luftsport-Verbandes Bayern sowie das Rudi Lindner Diplom. Auch heute mit 77 Jahren betreibt er noch aktiv das Antikfliegen sowie den Saalflug und ist als Organisator von Wettbewerben und Antikmodelltreffen engagiert.

München, Dezember 2020
Heinrich Eder

Fotobeiträge: Dr. G. Strobel, H.-U. Schulz, Th. Ghisler, Outerzone Free Plans, Hangaronekits, J. Graf, PAF Flugmodelle, Czechaero, Mr. Merta, Czech Rep., Autor.

I Einführung

Es begann mit dem Freiflug

Bereits in den 1920er-Jahren gab es Wettbewerbe auf der Wasserkuppe/Rhön mit mehreren hundert Teilnehmern. Das Ziel war, eine möglichst lange Flugzeit bzw. Flugstrecke zu erreichen. Zur Beobachtung wurden Streckenposten aufgestellt und die Modelle mit dem Motorrad verfolgt. Von Flügen über sechs Kilometer und dreißig Minuten. Dauer wird berichtet, wobei des Öfteren Modelle in der Thermik abgetrieben sind und nicht mehr gefunden wurden. Um kursstabil zu fliegen, besaßen die damaligen Flugmodelle kielartige Rümpfe mit einer großen Vorderkeule. Die Kielwirkung sollte ein Abdrehen bei Seitenwind oder Schräglage verhindern. Bisweilen kam es auch durch Windeinflüsse zur Rückkehr und die Modelle landeten wieder nahe der Startposition. In der Folge wurde versucht, die Flugmodelle durch Licht- und später Kompass-Steuerung auf Kurs zu halten. Auch heute trifft sich eine Gruppe von Magnetfliegern noch regelmäßig auf der Wasserkuppe zum Wettbewerb.

Einem Flugbericht vom 1. Internationalen Wettbewerb für Segelflugmodelle 1937 ist zu entnehmen: „Das Modell Ikarus flog bei günstigem Wetter (Wind ca. 3 m/s) vom Hundsheimerkogel (435 m ü. NN.) immer kurshaltend zu dem ca. 2 km entfernten Spitzerberg (291 ü, NN.), über dessen ungefähr 1 km langem Rücken es mehrfach kreiste, dabei ständig steigend. Es erreichte so fast die doppelte Höhe des Spitzerberges und landete nach einem Flug von 14 Minuten und 53 Sekunden an dessen Fuß“. Diese Berichte zeugen von einer unbändigen Begeisterung für den Modelflugsport in dieser Zeit.

Heutige Antikflieger wollen diese Pionierzeit gewissermaßen wieder aufleben lassen. Natürlich mit moderner Steuertechnik, denn Freiflüge der damaligen Art sind heute nicht mehr denkbar. Jeder von uns kennt die staunenden Blicke, wenn ein Oldtimerflugmodell am Himmel erscheint. Es sind die gerundeten Formen und das urige Flugbild, das uns fasziniert. Solche Modelle werden heute, 60 bis 90 Jahre nachdem die Originale flogen, gerne nachgebaut. Inzwischen sind eine Reihe von Frässätzen oder Werkstoffpackungen erhältlich, die einen Nachbau erleichtern (siehe Kapitel VII. Modellportraits und Bezugsquellen).

Organisationen

Ein Verein – wie die Antik-Modellflugfreunde Deutschland e. V. – fördert satzungsgemäß die Rekonstruktion solcher Klassik- bzw. Antik-Modelle und die Weitergabe dieser Tradition. Dass die früheren Pläne heute noch fast komplett erhältlich sind, ist einigen Enthusiasten mit privaten Archiven zu verdanken – wie beispielsweise dem Paul Hucke Archiv. Daneben gibt es internationale Vereinigungen wie die SAM (Society of Antique Modelers) mit landesbezogenen „Chaptern“ oder die MECA (Model Engine Collectors Association), die beide den Erhalt und die Pflege der antiken Modelle und Motoren in ihrer Satzung festgeschrieben haben.

Die Antikmodellszene umfasst in Deutschland mehrere hundert Modellflieger – meist (aber nicht nur) im fortgeschrittenen Alter. Europaweit dürfte es sich um über 800 Piloten handeln. Die Tendenz ist wachsend, da sich zahlreiche Modellflieger von der aktuell vorherrschenden, industriell orientierten Modellfliegerei verabschieden oder auch ein „Hobby vom Hobby“ pflegen wollen. Es ist eine Erfahrungs-Tatsache, dass ein Modell-Erbauer ein ganz anderes Verhältnis zu seinem Modell hat als ein Modell-Käufer. Die Motivation, nochmal Modelle der früheren Zeit entstehen zu lassen, entspringt den Erinnerungen an die intensiven Jugenderlebnisse, die man mit den selbstgebauten Modellen hatte. Es soll sozusagen die Jugendzeit nochmal zurückgeholt werden. Auch sprechen die antiken Formen viele Modellflieger mehr an, als technische Zweckformen.

Antikflugtreffen

Über Deutschland verteilt gibt es jährlich über ein Dutzend Antikmodell-Treffen. Die meist besuchten sind das Horst Winkler Gedächtnisfliegen auf der Wasserkuppe und der traditionelle Saisonabschluss am Nationalfeiertag in der Flugwerft Schleißheim des Deutschen Museums (Abb. 1.1).

Antike Modelle?

Der Begriff „Antik-Flugmodell“ ist nicht näher definiert. In Gebrauch sind auch die Bezeichnungen „Oldtimer“, „Classicmodell“, „Retromodell“ sowie „historisches Flugmodell“. Die Modelle sind allerdings keine Antiquitäten im Sinne des Kunsthandels. In den allermeisten Fällen handelt es sich um mehr oder weniger originalgetreue Replika. Nur in seltenen Fällen tauchen noch Originalmodelle aus dieser Zeit auf. Sie sind dann aber kaum noch flugfähig. Wir bezeichnen Nachbauten von Flugmodellen bis 1960 als „Antikmodelle“ und Nachbauten von manntragenden

Abb. 1.1: Szene beim traditionellen Saison-Abschlussfliegen in der Flugwerft Schleißheim des Deutschen Museums.

Flugzeugen bis 1960 als „Classicmodelle“. Verbesserungen bzw. Veränderungen an den Originalmodellen sind beim Nachbau zulässig, soweit die frühere Optik nicht wesentlich verfälscht wird. Die meisten Modellflieger, das hat die Vergangenheit gezeigt, wollen keine strikten Regeln beim Nachbau. So kann man feststellen, dass meistens etwas an den Modellen „getunt“ wird. Solange das zu keiner „Verwilderung“ der Bauweisen führt, ist das in Ordnung. Speziell für modifizierte Modelle haben wir die „offene Klasse“ geschaffen – siehe Kapitel „Klasseneinteilung der Antikmodelle“. Bestimmte Dinge sollte man aber durchaus kritisch sehen, wie die Eliminierung der V-Form zugunsten von Querrudern, Folienbespannungen, Leuchtfarbenaufkleber usw.

Entsprechend der Entwicklung der Bauweisen kann man feststellen, dass bis ca. 1935 vorwiegend die Baustoffe Sperrholz, Kiefer, Bambus, Peddigrohr, Piassavafasern, Strohhalme und Stahldraht Verwendung fanden. Als Bespannung diente Japan- oder Pergamin-Papier und Seide bzw. Seidenbatist. Danach kam – zunächst in eher seltenen Fällen – auch Balsaholz zur Anwendung. So ist beim ersten Bauplan-Saalflugmodell „Graubele 0“ nur der Propeller als Balsa. Das erste Balsaholz kam nach dem Krieg angeblich in Form von Bananenkisten nach Europa, während es in den USA schon länger populär war und vor allem im Saalflug verwendet wurde – siehe z.B. Zaic Jahrbuch 1935. Während bis ca. 1960 vorwiegend Pläne und Baustoffpackungen angeboten wurden, kommen danach immer mehr Schnellbaukästen mit zum Teil vorgefertigten Bauteilen sowie Kunststoffrümpfen zum Einsatz. Entsprechend soll auch die Klasseneinteilung erfolgen.

Klasseneinteilung der Antikmodelle

Die Klasseneinteilung erfolgt nach den verschiedenen Epochen - in Anlehnung an die Baurichtlinien der Antik-Modellflugfreunde Deutschland e.V. (kurz: AMD):

- Historische Flugmodelle (Konstruktionsjahr bis 1930),
- Antik-Flugmodelle (Konstruktionsjahr 1930 bis 1960),
- Antik-Flugzeugmodelle (Classicmodelle, Konstruktionsjahr bis 1960),
- Offene Klasse: Modelle mit antiker Optik, die nicht allen Bauvorschriften entsprechen oder einem Bauplan nicht zuzuordnen sind. Auch stark vergrößerte Antikmodelle und Modelle mit neuerem Konstruktionsdatum bzw. Eigenkonstruktionen mit antikem Aussehen (Retro-Modelle).

Baurichtlinien

Die folgenden Rahmenrichtlinien für den Bau sind als Leitfaden für den Modellbauer von Antikmodellen gedacht. Allgemein gilt: Die authentische Gestaltung der Modelle sollte im Vordergrund stehen! Änderungen der Profile und Ruderflächen sind zulässig, soweit sie für den RC-Betrieb bzw. die Flugeigenschaften unbedingt notwendig sind oder die Flug- und Steuereigenschaften verbessern. Der charakteristische Flug-Stil und das optische Erscheinungsbild sollen jedoch erhalten bleiben. Ebenso sind Verbesserungen der Festigkeit in der Struktur zulässig, solange sie von außen nicht sichtbar sind.

Bei den *historischen Flugmodellen* sollen – soweit verfügbar – die Originalmaterialien oder gleichwertige Materialien verwendet werden. Bespannung und Farbgebung sollen der früheren Zeit entsprechen. Zudem soll die Modellgröße dem Original entsprechen.

Bei *Antik-Flugmodellen* können auch neuere Materialien (z. B. Balsaholz statt Sperrholz, CFK-Holme/Verstärkungen usw.) verwendet werden, soweit sie von außen nicht sichtbar sind bzw. das äußere Erscheinungsbild nicht stören. Bespannung und Farbgebung sollen dem antiken Aussehen entsprechen. Farbliche Oberflächengestaltungen und Designs sind zulässig, wenn sie eine stimmige Optik ergeben und das antike Erscheinungsbild des Modells unterstützen. Folien-Bespannungen und „krachende" Farben sind ein „Sakrileg" und gehören nicht in die Antikszene. Bei Motormodellen ist ein neuerer Verbrenner-Antrieb möglich. Originalmotoren bzw. entsprechende Replica-Motoren sind jedoch höher zu bewerten.

Bei den *Antik-Flugzeugmodellen* sind neuere Baumaterialien zulässig. Farbgebung und Beschriftungen sollen sich jedoch am Originalflugzeug orientieren. Neuere Antriebe einschließlich Elektromotoren sind möglich.

Bei Modellen der *offenen Klasse* ist die Farbgebung und die Bespannung frei wählbar, beides soll sich aber dennoch im antiken Rahmen bewegen bzw. an die Originale angelehnt sein. Maßstäbliche Vergrößerungen oder Verkleinerungen sowie alternative Antriebe (z.B. Elektromotor statt Verbrenner) sind möglich. Letztlich soll jedoch der Gesamteindruck eines Antikmodells vorherrschen.

II Antriebe von Antikmodellen

Frühzeit

In der Frühzeit des Modellflugs dominierte der Gummimotor als Antriebsquelle. Ein hoch elastischer Gummistrang wurde einige hundert Mal aufgedreht und trieb eine Holz-Luftschraube an. Flugstrecken bis zu einigen hundert Meter waren erreichbar. Das erste Gummimotor-betriebene Modell war wohl der Planophore von Alphonse Penaud im Jahr 1871. Das Modell besaß eine Druckschraube und überquerte damals einen Teich. Lord Wakefield, England, stiftete 1927 den Wakefield Cup für gummigetriebene Flugmodelle (Abb. 2.1).

Pressluftmotoren für Flugmodelle waren von ungefähr 1911 bis 1930 im Einsatz. Eine Druckluftflasche – meist aus 0,3-mm-Messingblech – wurde auf 8 bis 10 bar aufgepumpt und lieferte die Energie für einen Dreizylinder-Sternmotor, wobei Flugweiten von bis zu 400 m erreicht wurden. Die Steuerung erfolgte über Ventile direkt an den Zylindern oder über Kanäle in der Kurbelwelle. Die bekanntesten Motoren kamen von Max Braune und Otto Ackermann (Leipzig). Das ASTRO Modellwerk in München-Pasing (Rudolf und Max Pause, später zusammen mit Otto Ackermann und Kupka) lieferte bis in die 30er-Jahre jährlich

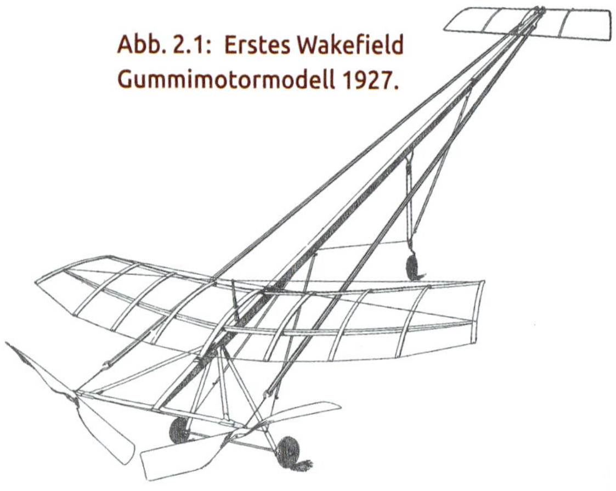

Abb. 2.1: Erstes Wakefield Gummimotormodell 1927.

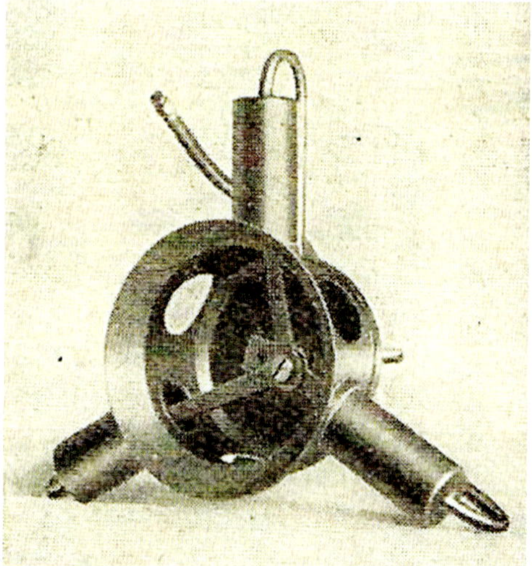

Abb. 2.2: ASTRO Pressluftmotor der Firma Pause aus dem Jahr 1929.

Abb. 2.3: Motorapparat No. 580 der Firma Pause um 1930. Der Rumpf besteht aus der Druckluftflasche mit 90 cm Länge. Das Modell legte mit 8 bar Anfangs-Luftdruck Flugstrecken von bis zu 400 m zurück.

tausende der Motoren Astro I und II – auch ins Ausland (Abb. 2.2). Der Motor-Apparat No. 580 mit 184 cm Spannweite konnte für 70 Reichsmark auch fertig mit Antrieb bezogen werden (Abb. 2.3).

Erste Verbrenner

Bereits 1913 waren die ersten Verbrenner-Motoren in Deutschland auf dem Markt, nachdem sie in England schon seit ca. 1906 hergestellt wurden. Max Braune aus Leipzig und W.J. Zenker aus Berlin bauten einen Einzylinder-Zweitaktmotor seit 1913 in Serie. Mit Benzinmotoren von J.W. Zenker wurden 1914 mit Drachenfliegern schon Flüge in einer Höhe von 150 m Höhe und einer Strecke von 4.500 m zurückgelegt.

A. Felgiebel baute 1923 seinen ersten 18,5-ccm-Motor mit 0,2 PS bei 2500 U/min und brachte das Buch „Benzinmotoren für Flugmodelle und ihr Selbstbau“ im Verlag Volckmann Nachf. heraus. Der Motor war für den Selbstbau konzipiert und wurde nicht industriell gefertigt. In den 1920er-Jahren gab es aber noch weitere Hersteller von Modellmotoren, wie beispielsweise Höhm, Wagenseil oder Schalk. Die heutigen Antikflieger benutzen noch häufig den Felgiebel I 7,5 ccm und den Felgiebel II 14,3 ccm, die teilweise auch als Replicas erhältlich sind oder von den Modellbauern selbst gebaut werden (Abb. 2.4).

Der abgebildete Felgiebel hat keinen mechanischen Unterbrecher mehr, er ist umgebaut auf kontaktlose, elektronische Zündung (Hallgeber) und hat eine angeflanschte Drossel (Abb. 2.6). Er eignet sich deshalb gut für ein Antikmodell mit Fernsteuerung.

Die Firma Walter Kratzsch Motorenbau wurde im Jahr 1935 gegründet und stellte Pfingsten 1935 die ersten zwei

Abb. 2.4: Felgiebel Originalmotor, ca. 1940, ausgerüstet mit Hallgeber.

Abb. 2.5: Kratmo 10 Originalmotor aus 1937 mit Ersatz-Zündspule.

Motorentypen vor: den F30B (30 ccm) und den F10B (10 ccm) – die ersten in Deutschland in größerer Serie hergestellten Modellmotoren. Curt Möbius rüstete das Motormodell „Möbius“ mit dem Kratzsch F30B Motor aus und ist 1935 beim

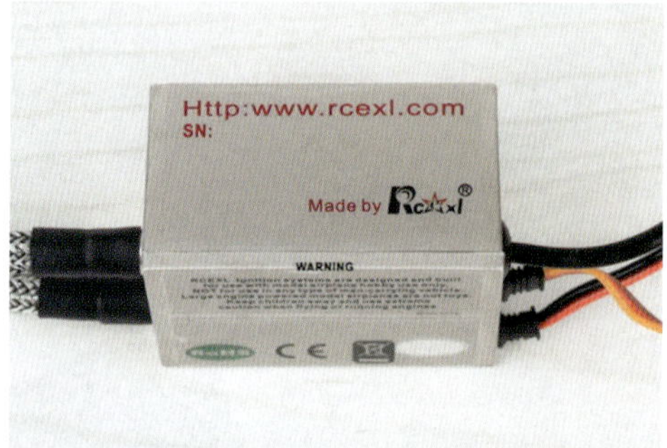

Abb. 2.6: Elektronische Zündanlage.

Reichsflugwettbewerb in den Borkenbergen nach Wettbewerbsende geflogen. Dieser Flug wurde mit seinen ca. 75 m als erster offizieller Motorflug in Deutschland gefeiert (siehe: Deutsche Luftwacht Modellflug, Okt./ Nov. 1936, Seite 116). 1938 kamen dann die KRATMO-Motoren 4A, 10A und 30A heraus. Die daraufhin folgenden Typ-Modifikationen waren die Motoren 4C, 10C und 30C (Abb. 2.5). Hier waren die Zylinderköpfe stärker verrippt und die Unterbrecherkonstruktion anders gelöst. Parallel zu diesen Typen wurden dann ab ungefähr 1943 die Vergaserdiesel 0,3 ccm, 0,6 ccm, 1,25 ccm, 2,5 ccm, 5,0 ccm, 7,5 ccm und 10,0 ccm herausgebracht. Vermutlich wurden jedoch nicht alle produziert. Nur die 1,25 ccm und die 2,5 ccm Motoren brachten es zu bescheidenen Stückzahlen.

Im Jahr 1941 wurde in der Schweiz ein Modelldiesel mit Vergaser unter der Bezeichnung Dyno I mit 2,04 ccm Hubraum (0,09 PS) in größerer Serie hergestellt (Abb. 2.7). Der Dyno I kann als „Vater des Modelldiesel“ eingeordnet werden.

Gustav Eisfeld aus Gera entwickelte in den 1940er-Jahren eine Selbstzünder-Motorenreihe 0,5 ccm, 1 ccm, 2,5 ccm, 6 ccm und 10 ccm (Abb. 2.8). Die Motoren waren Diesel mit Vergaser – auch „Modelldiesel“ genannt. Von den Vergaserdieseln ist der bekannteste der 6,0 ccm Motor DV III. Von den Benzinmotoren waren die bekanntesten der B I mit 3,25 ccm und der B II mit 7,5 ccm

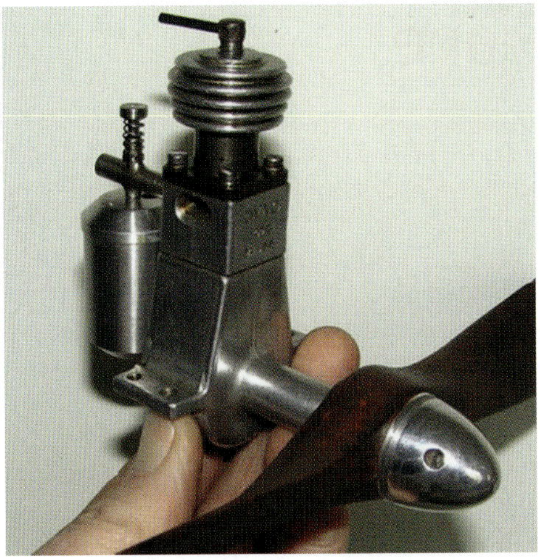

Abb. 2.7: Dyno I - der erste in größerer Serie hergestellte Modell-Dieselmotor mit Vergaser (1941).

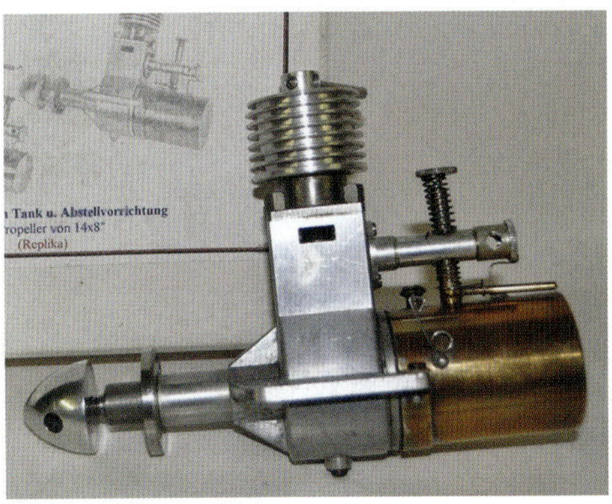

Abb. 2.8: Eisfeld 6-ccm-Selbstzünder mit Vergaser aus dem Jahr 1943 (Replica).

und in kleinen Stückzahlen auch der 15-ccm-Motor. Vom 30-ccm-Motor gab es wohl nur Prototypen oder ganz geringe Stückzahlen.

Replicas und Modifikationen

Heutzutage sind nur noch wenige Original-Motoren im Einsatz. Gelegentlich sind sie aber zum Verkauf im Internet zu finden.

Kratmo-Modifikationen werden heute in Kleinserie auch als Zweitakt-Glühzünder oder Viertakter hergestellt, wobei die Zündanlage wegfällt (Abb. 2.9, siehe Bezugsquellen J.Graf).

Abb. 2.9: Modifizierte Kratmo-Motoren mit Glühkerze bzw. als Viertakter (Foto: J. Graf).

Die Firma PAF Modellbau bietet einige Replica von Selbstzünder-Motoren an, die in Tschechien hergestellt werden und einen guten Ersatz für Originalmotoren (wie den Dyno I) darstellen (siehe Bezugsquellen). Beispiele hierfür sind der LETMO MD-2,5 Replica, der SUPER ATOM 1,8 Replica sowie der 040 PB Classic Diesel (Abb. 2.10).

Abb. 2.10: Der LETMO 2,5-ccm-Diesel ist eine hervorragende Alternative für Antikmodelle.

III Bautechnik und Pläne

Pläne

Vorbemerkung: Die Prüfung, inwieweit Urheberrechte eingehalten sind, ist in diesem Zusammenhang nicht möglich. Die Verantwortung liegt beim jeweiligen Nutzer. Die Pläne für unsere Antikmodelle stammen aus verschiedensten Quellen.

Das Paul Hucke Archiv führt die Pläne folgender Verlage bzw. Herausgeber:

- Schäfers Bauplanreihe.
- Volckmanns Baupläne.
- NFSK Modellbaupläne.
- Schreibers Flugmodellbaupläne.
- Otto Maier Verlag.
- Helm Lehrmittel Verlag.
- Verlag Dr. Max Gehlen.
- Verlag Klasing.
- Walter Katzsch Baupläne.
- Verlag Johannes Graupner.
- Carl Lange Verlag.
- Frank'sche Verlagshandlung.
- Verlag H. Rommler (Heros Modellbau).
- Verlag Albrecht Philler, Minden (Lehrmeister Bücherei).
- Verlag Haus Altenberg.
- Alexander Engel, Knittlingen.
- Hegi Modellbau.
- F. Krick Verlag.
- FDJ Freie Deutsche Jugend.
- Gesellschaft für Sport und Technik.
- Bauplanreihe des Österreichischen Modell- und Flugsportverbandes.
- Jungbrunnen Wien.
- Josef Sperl, Wien.
- Flugmodellbaupläne Österreichischer Aeroclub.
- Dokumentationen: USA, Großbritannien, Tschechien, Frankreich, Italien, Ungarn und Schweiz.

Weitere Quellen für Baupläne

- Outerzone: Pläne www.outerzone.co.uk
- Aerofred: www.aerofred.com
- Schweizer Archiv für Flugmodellpläne: walter_wolf@bluewin.ch

Antikmodell-Pläne von VTH neue Medien GmbH, Baden Baden:

Modell:	Jahr:	Bestellnummer:	Plankatalog-2019, Seite:
Baby	1938	3210373	124
Buccaneer	1940	3216647	124
Ikarus	1937	3211704	125
Antares	2002	3201301	125
Mini-Playboy	1996	3201137	125
RC1	1958	3200096	125
Der große Winkler	1930	3210348	125
Satyr	1980	3200810	126
Strolch	1937	3211705	126
Super Sinbad	1943	3216653	126
Adler	1952	3207001	127
Schlauchkurbler	1950	3207011	127
RamphorMax	2016	3201477	74
Amigo II	1966	3244219	30
ETB 37	1952	3241163	31
Jupiter V	1950	3241180	31
Kapitän	1957	3241702	31
Schwalbe	1952	3241159	32
Wölkchen	1950	3241547	32
Spinne	1954	3241647	32
Star III	1951	3241216	32
Weihe 50	1962	3244252	32
Cobra	1956	3241700	33
Antares	2002	3201301	125

Material und Bauweisen

Die bis in die 1940er-Jahre zumeist verwendeten Materialien waren Flugzeugsperrholz, Linde, Kiefer, Furnierholz, Bambus, Peddigrohr und Stahldraht. Balsaholz kam erst in den 1930er-Jahren dazu, wurde dann aber von den Nationalsozialisten als nicht-heimischer Werkstoff verboten. Bambus und Tonkinrohr waren jedoch weiter erlaubt. Das

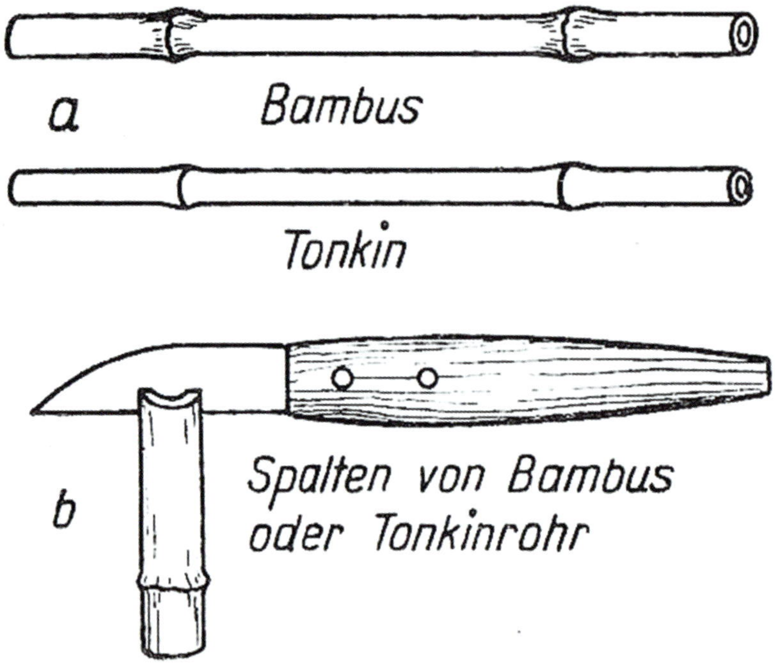

Abb. 3.1: Das Spalten von Bambus und Tonkinrohr.

Spalten von Bambus und Tonkinrohr erfordert eine gewisse Technik, die noch in alten Büchern beschrieben ist (Abb. 3.1). Eine Bambus-Leiste muss immer in der Mitte gespalten werden, danach wieder in der Mitte usw. – bis die entsprechende Stärke erreicht ist. Die Bespannungen waren früher in der Regel aus Japanpapier, Seidenbatist oder Pergaminpapier. Rohrrümpfe wurden aus dünnem Furnier bzw. Sperrholz oder auch manchmal aus Pappe gewickelt. Flügel-Nasenbeplankungen bestanden oft aus Zeichenkarton, wobei ein gewisser Einfall zwischen den Rippen beim Cellonieren nicht verhindert werden konnte.

Das Biegen von Leisten (aus Kiefer, Bambus oder Tonkin) erfolgte über Dampf oder über einer Flamme (heute wohl ein Heißluftgebläse). Randbogen wurden aus dünnen Bambusleisten, Peddigrohr oder Stahldraht fabriziert. Verbindungen zwischen den Bauteilen wurden oft mit Zwirnwicklungen gesichert. Als Leim nutzte man z.B. Kaltleim oder Kaseinleim und in den 1930er-Jahren auch den Zelluloseleim Rudol 333 oder Peligom. Die Flügel wurden häufig mit dünnen Drähten verspannt. Auch Spannlack wurde bereits verwendet. Für den Saalflug wurden für die Rippen zum Teil halbierte Strohhalme verwendet, sowie für die Rümpfe konische Strohhalme. Piassavaborste oder Peddigrohr dienten für Umrandungen. Die Bespannung war vor der Erfindung des Microfilms meist leichtes Japanpapier.

Material der Nachbauten

Für die heutigen Nachbauten von Antikmodellen werden mehrfach verleimtes Birken-Flugzeug-Sperrholz ab einer Dicke von 0,4 mm sowie Balsaholz und Kieferholme verwendet. Gelegentlich wird auch

Abb. 3. 2: Quartergrain-Balsa (links) und A-Grain-Balsa (rechts).

auf das Blauglockenblumen-Holz aus China oder auf Lindenholz zurückgegriffen. Balsaholz zeigt enorme Dichteunterschiede von 70 bis 200 kg/m³. Es kommt heute ausschließlich aus Plantagen. Will man leicht bauen oder auch zwei Flügelhälften gleichen Gewichtes erreichen, muss das zu verbauende Balsaholz vorher gewogen bzw. die Dichte bestimmt werden. In der Regel wird Balsa mit 100 kg/m³ für die Rippen und 120 kg/m³ für End- und Nasenleisten verwendet. Wenn die Außenmaße des Brettchens 10 × 100 cm sind, sollte es folglich pro mm Dicke ca. 10 bis 12 Gramm wiegen. Quartergrain-Balsa (Schuppenbalsa oder C-Grain) wird wegen seiner Biegesteife überwiegend für Endleisten und Beplankungen eingesetzt. A-Grain ist längsgemasert und wesentlich biegsamer. Es wird hauptsächlich für Rippen verwendet (Abb. 3.2).

Kieferholme müssen sorgfältig ausgewählt werden. Dabei muss man auf einen gleichmäßigen, längs-gerichteten Faserverlauf und eng-stehende Jahresringe achten. Querlaufende Maserung bedeutet eine erhebliche Schwächung bei der Biegebelastung und stellt oft eine Sollbruchstelle dar.

Rumpfhelling

Strukturierte Rümpfe müssen auf einer Helling gebaut werden. Dazu wird ein gerades Brett (möglichst eine verleimte Verbundplatte) mit der entsprechenden Länge verwendet. Auf dieses werden die Querleisten genagelt, die den Abstand der Rumpfspanten haben (Abb. 3.3 und Abb. 3.4). Die Leisten ragen zur Seite entsprechend der Rumpfbreite plus etwas Überlänge heraus. Die Oberkante der Leisten bildet die Basislinie des Rumpfes für den Hauptgurt. Auf den Leisten wird die Position der einzelnen Spanten angerissen. Diese werden dann mit etwas Kontaktkleber (dieser kann später mit Benzin gelöst werden) angeklebt. Ich verwende UHU Por, weil dieser keine Flecken hinterlässt und mit Benzin leicht gelöst werden kann.

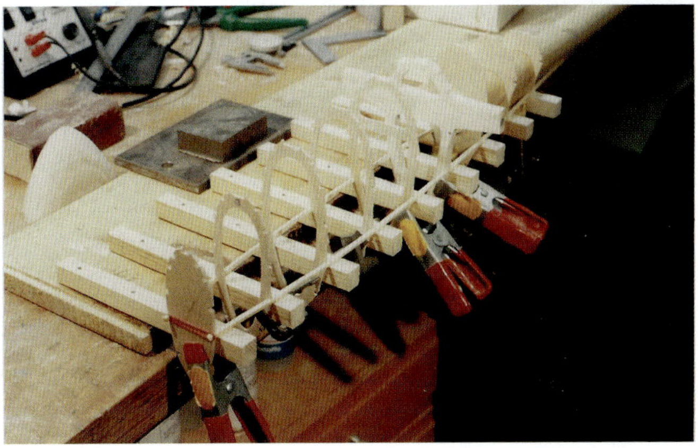

Abb. 3.3: Der Spantenrumpf im Aufbau (hier: bei einem Grohmann Jaguar). Der auf den Leisten aufliegende Rumpfgurt bildet die gerade Basislinie.

Abb. 3.4: Der fertige Rumpf des „Grohmann Jaguar": Der Leitwerksträger ist ein schräg übereinander gewickeltes Rohr aus zwei Lagen 0,4-mm-Sperrholz.

Flügel-Rumpfübergänge

Viele Antikmodelle haben ausgerundete Übergänge zwischen Rumpf und Flügel. Aerodynamisch gesehen ist das eine gute Sache. Die entstehenden Raumflächen kann man mit Seide nass bespannen. Diese bildet dann, nach dem Behandeln mit Spannlack, faltenfreie Minimalflächen aus. Eine andere Methode ist die Auskleidung der Übergänge mit 0,4-mm-Sperrholz. Gegebenenfalls kann man dieses vorher in heißes Wasser einlegen, sodass es geschmeidiger wird (Abb. 3.5). Auch ist ein stückweises Beplanken mit

Abb. 3.5: Flügel-Rumpf-Übergang, hier aus dünnem Sperrholz.

dünnem Sperrholz möglich, wobei die Überlappungen mit Kontaktkleber verklebt werden.

Präzise Endleisten herstellen

Beim Schleifen von Endleisten hat man das Problem, eine Hinterkante mit konstanter Höhe zu erzeugen. Dazu wird ein Stahldraht mit beispielsweise 1 oder 1,5 mm Dicke mit UHU Por an die Hinterkante der zu bearbeitenden Leiste geleimt. Man kann die Leiste dann hinten bis zum Stahldraht herunterschleifen und erhält damit eine saubere Kante konstanter Dicke. Wahlweise kann an der Vorderkante ebenso ein Stahldraht entsprechender Dicke verwendet werden. Der Stahldraht wird nach der Fertigstellung mit Benzin wieder abgelöst.

Leim

Für die Antik-Nachbauten wird oft Propellerleim (ein wasserfester Leim) oder Weißleim verwendet, seltener auch Zelluloseleim (z. B. UHU Hart). Verklebungen von größeren Flächen erfolgen mit Kontaktkleber. UHU Por Kontaktkleber ist transparent und hinterlässt keine hässlichen Ränder. Auch Weißleim kann zum Aufbügeln von Beplankungen als Kontaktkleber verwendet werden. Dazu beide Seiten satt einstreichen und trocknen lassen. Die Beplankung schließlich unter leichtem Druck bei größter Hitze mit dem Bügeleisen aufbügeln. Geeignet sind auch spezielle Heißsiegelkleber.

Bespannen

Die Bespannung von Antikmodellen beeinflusst wesentlich das antike Erscheinungsbild und ist deshalb mit Sorgfalt auszuwählen. Für das Bespannen gibt es zahlreiche Methoden. Jede Art von Bespannung erfordert eine eigene Arbeitstechnik. Grundsätzlich gilt für alle Arten von Bespannung: Erst an einem Musterrahmen Versuche durchführen! Unliebsame Überraschungen werden damit vorgebeugt. Folienbespannung scheidet hier aus Gründen der Authentizität aus – außer Folien für Verzierungen und Schriften. Es verbleiben Japanpapier (ca. 22 g/m^2), Polyestervlies (ca. 22 g/m^2), Seide (ca. 20 g/m^2), Pongé-Seide (22 bis 40 g/m^2) und Polyester-Futterstoff (ca. 40 bis 50 g/m^2). Die Polyesterbespannung kann man mit dem Bügeleisen oder Fön nachspannen. Stoffbespannung sollte immer nass aufgezogen werden. Sie legt sich dann besser an, wobei Falten leicht beseitigt werden können. Nass bespannen kann man prinzipiell auch mit Polyestervlies und Papier. Die Vorbehandlung des Gerippes erfolgt mit Porenfüller oder Spannlack sowie nachschleifen mit 500er-Schleifpapier.

Papierbespannung

Japanpapier mit 20 g/m^2 bzw. 12 g/m^2 ist nach wie vor in verschiedenen Farben erhältlich und ergibt eine leichte und feste Bespannung. Dazu benötigt man Spannlack sowie ausreichend Spannlackverdünnung. Mit einer Aceton-Verdünnung bekommt man oft weiße Flecken, da sie Wasser enthält. Reines Aceton ist dagegen sehr teuer. Am besten verwendet man einen zum Spannlack passenden Verdünner.

Das Gerippe wird zweimal mit Porenfüller eingestrichen und mit 500er-Schleifpapier geschliffen. Das Papier wird mit verdünntem Spannlack aufgeklebt. Wichtig ist, dass das Papier nach allen Richtungen etwa mit der gleichen Spannung aufgezogen wird, sonst gibt es später Spannungen mit der Gefahr, dass das Papier sich verzieht. Falls das Papier trocken verwendet wird, wird es nach dem Aufbringen von einem mit Wasser gefüllten Parfüm-Sprüher leicht eingesprüht – das erhöht nach dem Trocknen die Spannung und beseitigt Falten. Selbstverständlich muss der Flügel dabei eingespannt werden. Alternativ kann das Papier auch im feuchten Zustand aufgelegt werden, wobei sich Falten beim Auflegen besonders gut herausziehen lassen – hier besteht jedoch eine hohe Reißgefahr. Nach dem Trocknen folgen zwei Anstriche mit verdünntem Spannlack und gegebenenfalls ein Anstrich mit Überzugslack. Ein Spannlackanstrich macht etwa 10 Gramm Gewichtserhöhung je Flügelhälfte aus.

Der Flügel wird zum Trocknen auf einer ebenen Unterlage liegend beschwert, wobei Abstandsklötzchen oder Leisten eingefügt werden. Nach kurzem Antrocknen des Lacks halte ich den Flügel in den Händen und kontrolliere auf einen möglichen Verzug. Dieser kann sich noch durch ein leichtes Gegendrehen beseitigen lassen. Eigentlich sollte bei gleichmäßiger Papierspannung von vorneherein kein Verzug vorhanden sein. Falls doch, sollte man das Papier am besten mit Verdünnung gleich wieder entfernen! Zum Schluss wird der Flügel einen Tag eingespannt, bis der Lack ausgehärtet ist. Wird dann immer noch ein Verzug festgestellt, dann kann man mit dem Bügeleisen oder Föhn die Oberfläche erwärmen und den Flügel dabei gegendrehen. Wird die Oberfläche fleckig, dann hat der Spannlack bzw. das Aceton im Laufe der Zeit Wasser gezogen. Ähnliches passiert mit Aceton bei häufigem Öffnen des Gefäßes. Nach einem erneuten Anstrich mit verdünntem, möglichst neuem Spannlack und darauffolgenden Föhnen bekommt man die weißen Flecken heraus. Am besten lackiert man gleich in einem warmen, trockenen Raum und nicht im feuchten, kalten Keller. Spannlack ist neuerdings auch auf Wasserbasis erhältlich (Bezeichnung EZE Dope). Einschlägige Erfahrungen liegen jedoch noch nicht vor. Das Problem der weißen Flecken tritt hier jedoch nicht auf.

Polyestervlies

Vlies mit 22 g/m² hat etwa eine ähnliche Oberflächenstruktur und Transparenz wie Papier, ist jedoch erheblich fester. Das Vlies ist relativ preisgünstig und sieht authentisch aus – also eine ideale Bespannung für Oldtimermodelle.

Beim Aufbringen muss die Faserrichtung in Längsrichtung der Tragfläche und die glatte Seite nach außen gedreht werden (die raue, faserige Seite bekommt man auch mit mehreren Spannlackanstrichen nicht glatt – sie bleibt fuselig!).

Vlies wird – wie Papier – mit verdünntem Spannlack oder Klebelack aufgeklebt, nachdem das Gerippe vorher zweimal mit Porenfüller gestrichen und mit 500er-Schleifpapier geschliffen wurde. Das Vlies muss relativ faltenfrei aufgebracht werden, da ein späterer Spanneffekt mit Wasser wie beim Papier nicht funktioniert. Lediglich anschließende Behandlung mit dem Bügeleisen oder Föhn führt zu einer leichten Nachstraffung. Alternativ kann das Vlies auch feucht aufgelegt werden, wobei es sich besonders gut straffen lässt. Die Spannlackbehandlung erfolgt wie beim Papier (zwei bis drei verdünnte Anstriche bis die Oberfläche leicht glasartig transparent wird).

Die Bespannung, die mit Zellulose-Spannlack aufgeklebt wurde, kann man sehr leicht wieder entfernen, indem man einige Milliliter Spannlackverdünnung in einen Plastiksack gibt und den Flügel für einige Stunden hineinsteckt und gut verschließt. Die Bespannung lässt sich dann wie eine Haut abziehen. Voraussetzung hierfür ist, dass der Flügel mit Weißleim und nicht mit Zellulosekleber (UHU Hart) geleimt wurde, sonst fällt der ganze Flügel auseinander!

Seide

Insbesondere für einen naturgetreuen Oldie-Look, eignet sich dünne Seidenmalseide (Pongé-Seide) mit etwa 15 bis 20 g/m^2 (die leichteste der erhältlichen Malseiden). Die Seide ist extrem dicht gewebt und benötigt nicht wesentlich mehr Spannlack als Papierbespannung.

Nachdem das Gerippe zweimal mit Porenfüller oder Spannlack gestrichen und geschliffen wurde, wird die Seide im nassen (!) Zustand aufgelegt und mit verdünntem Spannlack ringsum abgetupft. Dabei müssen, durch ein vorsichtiges Ziehen vom Rand her, alle Falten verschwinden – denn später hat man nur noch eine geringe Chance diese mit dem Bügeleisen zu entfernen. Während des Bespann-Vorganges sollte man falls notwendig immer wieder mit Wasser nachsprühen. Die weißen Flecken stören zunächst nicht. Sie verschwinden mit den folgenden Spannlackanstrichen – vorausgesetzt aber, man befindet sich in einem trockenen, warmen Raum und man verwendet frischen Spannlack und frisches Aceton bzw. Spannlackverdünnung. Gegebenenfalls muss man mit dem Föhn nachhelfen.

Das Anfeuchten der Seide ist unbedingt erforderlich, da sich dadurch die Seide wesentlich besser anschmiegt und sich leichter straffziehen lässt. Nach drei bis vier Spannlackanstrichen (die zwei Ersten verdünnt), erhält man eine glatte Oberfläche mit trommelfell-artiger Spannung. Wichtig ist, den Spannlack nicht zu üppig aufzustreichen, sonst bilden sich auf der Unterseite der Seide Tröpfchen. Sollte das passieren, kann man dort Verdünnung aufpinseln und den Flügel umdrehen, damit der überschüssige Lack wieder herausfließt. Um Tropfenbildung zu vermeiden, benutze ich zum Aufbringen des Lacks einen spannlackfesten Schwamm, der nicht zu stark mit Lack getränkt wird. Beim Überstreichen der Bespannung mit dem Schwamm sollte man keinen Druck ausüben, sondern lieber öfter darüberwischen! Die Seide eignet sich besonders, wenn Übergänge (z.B. Flügel/Rumpf) faltenfrei bespannt werden sollen. Ein mit weißer Seide bespanntes Modell ist vom Aussehen her der absolute Hingucker.

Polyester-Futterstoff mit etwa 50 g/m^2 ist im Stoffhandel sehr günstig zu haben (ca. Euro 2,- pro Meter, siehe Bezugsquellen). Die Behandlung und das Bespannen erfolgt im Wesentlichen wie bei der Seide. Der Stoff wird häufig für größere Modelle verwendet und ergibt ein sehr authentisches Erscheinungsbild. Für Oldie-Modelle verwendet man nicht das „Reinweiß", sondern besser das „Creme-Weiß". Diesen Futterstoff gibt es auch in verschiedenen Farben. Das Aufkleben auf die Struktur erfolgt am besten mit Klebelack.

RC-Einbau

Der RC-Einbau erfordert manche Modifikation. Oft sind die Seitenruder der früheren Freiflugmodelle zu klein, sodass die Steuerwirkung nicht ausreichend ist. Eine Vergrößerung um 10 oder 15 Prozent ist von der Originalität her tolerabel. Auch die Modellgröße kann in engem Rahmen (max. 10 Prozent) verändert werden. Stärkere Vergrößerungen widersprechen dem ursprünglichen Erscheinungsbild und besitzen oft nicht mehr den Charme des Originals. Es gibt jedoch auch Modelle, deren Optik durch Vergrößerung durchaus gewinnt. Stark vergrößerte Modelle werden von der Klasseneinteilung her in der „Offenen Klasse" eingeordnet. Letztlich muss jeder Erbauer selbst entscheiden, welche Modifikation für ihn in Frage kommt und seinem Geschmack entspricht. Bremsklappen sind bei größeren Antik-Modellflugzeugen nützlich – vor allem, wenn die Landezone eingeschränkt ist, wie beispielsweise an Hängen.

Üblicherweise kommt ein 2,4-GHz-Empfänger mit voller Reichweite (> 800 m) zum Einsatz. Das Gewicht beträgt 4 bis 10 Gramm. Die modernen 2,4 GHz-Empfänger verfügen meist über zwei kurze Antennen nach dem Diversity-Prinzip. Diese sollten im Modell senkrecht zueinanderstehen. Achtung: Liegt der Empfänger in einem Gewirr von Kabeln, – die auch noch die Antennen berühren – ist die Reichweite eingeschränkt. Manche Hersteller bieten verlängerte Antennen-Zuführungen an, die aus dem Modell herausgeführt werden können (Abb. 3.6). Das stellt bei weitem die bessere Lösung dar! Auch hier muss man wieder darauf achten, dass die Enden der Antennen außerhalb des Modells senkrecht zueinander orientiert sind!

Servos sollten bei kleineren Modellen in der Gewichtsklasse zwischen 6 und

Abb. 3.6: 2,4-GHz-Empfänger, bei dem verlängerte Antennen-Zuführungen nachgerüstet wurden. Der Hersteller bietet die entsprechenden Nachrüstsatz an.

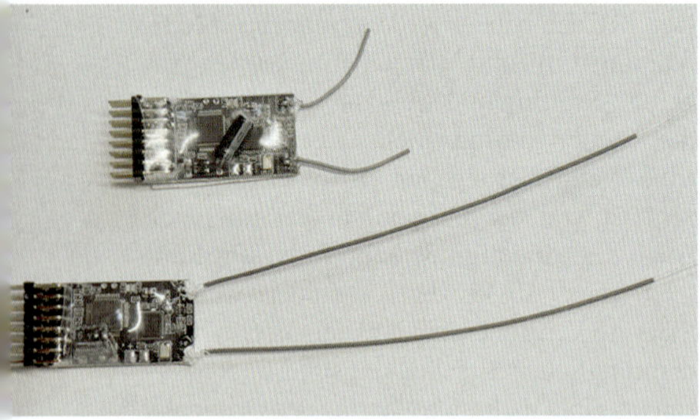

12 Gramm liegen. Nur bei sehr leichten Seglern werden auch 5-Gramm-Servos eingesetzt. Die 4 bis 5 Gramm schweren Typen kann man auch direkt in die Leitwerke integrieren – ohne dass die Optik wesentlich gestört wird. Das erspart die Rudergestänge bzw. die längeren Anlenkungen. Für kleinere Modelle gibt es bereits Servos mit 3 Gramm, die man unsichtbar in die Leitwerke integrieren kann. Falls Störklappen eingesetzt werden, sollten als Flächenservos leichte Servos mit Metallgetriebe (ab ca. 8 g) verwendet werden. Für längere Ruderwege, z.B. eine rückholbare Thermikbremse, eignen sich 180-Grad-Servos. Das Akkugewicht ist praktisch nie ein Problem, da in der Rumpfspitze ohnehin Blei benötigt wird. Also lieber einen großen Akku einbauen und dafür kein Blei!

Vor dem Erstflug kommt immer ein obligatorischer Reichweitentest. Wenn das Modell am Boden liegt und am Sender mit der Taste für reduzierte Reichweite betrieben wird, sollte die Verbindung mindestens 40 m halten – dann ist auch die Reichweite im Flug ausreichend. Die meisten Ausfälle passieren immer noch durch einen nicht geladenen oder überalterten Akku oder blockierende Servos. Also hier gilt besondere Aufmerksamkeit!

Eine Elektrifizierung von Antik-Segelflugmodellen sehe ich problematisch, weil hier eine Art Stilbruch vorliegt. Das authentische Aussehen wird nachhaltig gestört und das Flugverhalten widerspricht oft dem eines Oldies. Natürlich kann man solche Modelle in der offenen Klasse fliegen.

Design und Farbgebung

Im Zeitalter der visuellen Reize wird auf das äußere Erscheinungsbild eines Modells großer Wert gelegt. Antikmodelle sollten sich jedoch an die Optik der früheren Modelle anlehnen. Knallige Farben, wie Leucht- und Effektfarben sind verpönt. Die einstigen Modelle hatten – wenn überhaupt – nur dezente Farben und Verzierungen. Ein Modell mit „schreiendem" Farbmuster finde ich persönlich fehl am Platze. Wenn der Wunsch nach Farbgestaltung besteht, dann sollte sie stimmig sein und sich am antiken Aussehen orientieren. Dominante Farben lassen das eigentliche Erscheinungsbild in den Hintergrund treten. Decals (Vinyl-Aufkleber sowie Wasserabziehbilder) mit dem Modellnamen und dem Konstruktionsjahr können allerdings auch etwas größer ausfallen. Das dient der Transparenz für Zuschauer, Interessenten und

Abb. 3.7: Modelle mit passenden Dekoren, die sich am antiken Erscheinungsbild orientieren.

Fotografen. Insgesamt kann eine gut abgestimmte Optik das Erscheinungsbild eines antiken Modells durchaus heben (Abb. 3.7).

Im Wesentlichen unterscheidet man folgende Techniken für das Aufbringen von Dekors: Wasserschiebebilder, Foliendecals und farbiges Papier.

Wasserschiebebilder

Diese können mit dem Tintenstrahler oder Laserdrucker auf spezielle Transferbögen aufgedruckt werden. Danach ist der Druck vor dem Wässern unbedingt mit Fixierlack (z.B. Acryllack) zu behandeln. Beim anschließenden Wässern in kaltem Wasser ist der richtige Zeitpunkt abzuwarten, bis sich die bedruckte Schicht vom Träger löst. Wartet man zu lange, rollt sich die bedruckte Schicht auf und ist unbrauchbar. Man muss immer wieder unter Wasser vorsichtig testen, ob man die Schicht auf dem Träger verschieben kann. Sobald sie sich etwas löst, muss man die Wässerung beenden. Beim Aufbringen auf das Modell, schiebt man die beschriftete Folie auf dem Träger etwas zur Seite, sodass der Träger an einer Seite ca. 5 mm übersteht. Danach fixiert man die beschriftete Folie mit dem Finger an einem Ende und zieht den Träger am anderen Ende heraus. Schließlich muss man die Oberfläche mit einem weichen Lappen abtupfen, bis sie trocken ist. Danach ist das Schiebebild nochmal mit Fixierlack zu behandeln.

Will man authentische Farbmuster herstellen, die dem Original entsprechen, müssen die Vorlagen unter Anwendung von Farbmetriken bearbeitet werden (z.B. mit Corel Draw). Der Druck erfolgt dann gegebenenfalls von professionellen Anbietern (beispielsweise Drucker-Onkel).

Foliendecals

Foliendecals werden mit einem Schneidplotter aus Vinylfolien hergestellt. Diese Plotter sind heute zu erschwinglichen Preisen erhältlich. Plottfolien gibt es matt und glänzend (z.B. Ritrama M300). Für unsere Antikmodelle eigenen sich besonders die matten Folien. Es gibt auch zahlreiche Anbieter für solche Transferschriftbilder.

Farbiges Papier

Buntes Japanpapier mit 12 g/m² oder Decorpapier eignet sich zum Ausschneiden von Buchstaben und Formen. Man druckt die Schriften mit dem Tintenstrahler in Originalgröße aus und legt den Druck auf das schwarze bzw. bunte Japanpapier. Mit einem spitzen Skalpell schneidet man dann die Buchstaben einzeln aus. Als Schneidunterlage dient ein fester Karton. Das ist wohl die einfachste Art, um Schriften herzustellen. Die Buchstaben werden dann einzeln mit Spann- oder Klebelack aufgeklebt (Abb. 3.8). Von Hand ausgeschnittene Schriften sind von gedruckten Schriften oft nicht zu unterscheiden, (siehe: Abb. 3.9).

Modifikation bei Antikmodellen

Antikmodelle haben nach heutigen Kriterien oft nicht die optimale Auslegung. Häufig sind offensichtliche, aerodynamische und konstruktive Schwachstellen vorhanden. Es wäre jedoch ein Sakrileg, das Modell optisch stärker zu verändern. Jedoch sollte es erlaubt sein, die aus heutiger Sicht erkennbaren Mängel zu beseitigen – solange das authentische Erscheinungsbild gewahrt oder nur unwesentlich verändert wird.

Die Schwachstellen der Originalmodelle beziehen sich im Wesentlichen auf folgende Punkte:

Profildicke: Häufig sind die Profile zu dick und arbeiten nicht überkritisch. Das betrifft auch die Leitwerksprofile.

Naseneinfall: Die Kontur der Profilnase ist durch Bespannungseinfall oft erheblich gestört. Schmale Kiefernleisten als Nasenleiste sollten durch eine Balsaleiste mit

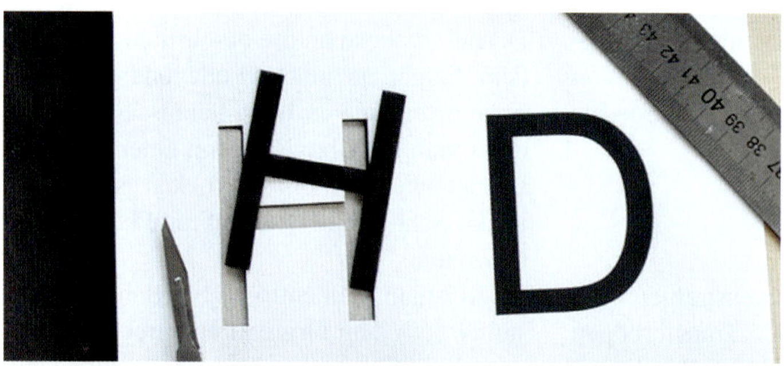

Abb. 3.8: Buchstaben und Ziffern werden hergestellt indem man die am Drucker vorgedruckte Schrift, auf schwarzes Bespann- oder Decorpapier legt und mit dem Skalpell ausschneidet.

Abb. 3.9: Zierschriften, die aus dünnem Japanpapier mit dem Skalpell ausgeschnitten wurden, wirken absolut professionell.

größerem Querschnitt ersetzt werden um die Nasenkontur sicherzustellen.

V-Form: Eine zu große V-Form führt zur Überstabilität um die Längsachse (Schaukeln). Bei zu geringer V-Form schieben die Modelle in der Kurve. Die V-Form sollte jedoch nicht so stark reduziert werden, dass Querruder nötig sind.

Seitenruder: Oft sind die Seitenruder der früheren Freiflugmodelle zu klein, um bei der RC-Version eine ausreichende Ruderwirkung zu erzeugen. Eine maßvolle Vergrößerung sollte zulässig sein.

Flügelholme: Die Holme der früheren Modelle sind meist für den Hangflug ausgelegt. Verstärkungen sind notwendig, wenn die Modelle mit Gummiseil oder Winde gestartet werden. Verstärkungen sind häufig auch zur Versteifung der langen Leitwerksträger erforderlich, wenn die Rümpfe rückwärts stark tailliert sind. Gut bewährt hat sich z.B. ein CFK-Rohr, das im Inneren des Leitwerksträgers angebracht und von außen nicht zu sehen ist.

Holmverstärkungen

Reine Balsaholme sind in der Regel zu schwach (außer für Leitwerke). Sie sollten mit Kiefer-/Sperrholz- oder CFK-Gurten verstärkt werden, sodass ein Doppel-T-Träger entsteht (Abb. 3.10). Soweit Ober- und Unterholm nicht verbunden sind, empfiehlt sich das Einbauen eines Drucksteges zwischen beiden. Damit entsteht ein U-Träger mit erheblich höherer Biegesteifigkeit. Wegen des Trägheitsmomentes um die Hochachse sollten Flügelholme nach außen verjüngt oder im Querschnitt nach außen gestaffelt werden. Leichte Flügelspitzen belohnen den Piloten mit einer besseren Steuerfähigkeit. Will man aus Gründen der Material-Authentizität kein CFK verwenden, eignen sich zum Beispiel zusätzlich aufgeleimte Längsgurte aus 0,6- bis 1,0-mm-Sperrholz.

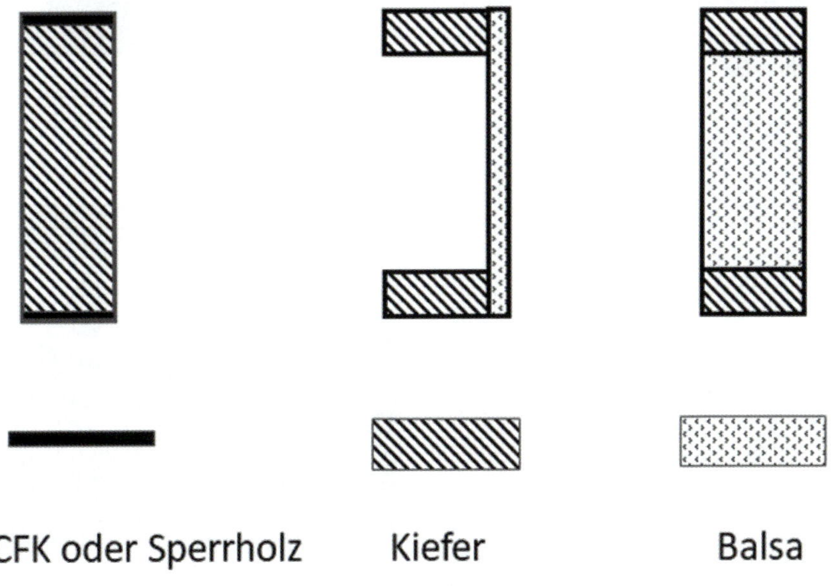

Abb. 3.10: Verstärkung von Holmen: Aufleimen von dünnen CFK- oder Sperrholzleisten, Drucksteg einfügen (U-Träger), Balsa/Kieferverbund (Doppel-T-Träger).

Einbau des Motors

Die Motoren sollten so in die Modelle integriert werden, dass deren antikes Erscheinungsbild nicht gestört wird – vor allem, wenn Antriebe verwendet werden, die eigentlich nicht in das Modell passen. Hier bieten sich außen angebrachte Verkleidungen aus Alublech an (Abb. 3.11, Abb. 3.12). Eine Holzluftschraube hebt dabei stets das authentische Aussehen des Modells. Die Zündspule oder die elektronische Zündung sowie der Tank sollten weitgehend im Rumpf verschwinden. Am besten gelingt dies, wenn das Modell für einen bestimmten Motor konstruiert ist, wie z.B. die Kratzsch Modelle. Eine gelungene Integration in die jeweiligen Modelle zeigen die folgenden Abbildungen (Abb. 3.11, Abb. 3.12, Abb. 3.13 und Abb. 3.14).

Abb. 3.11: Vorbildlicher Einbau des Dyno I mit Holzluftschraube.

Abb. 3.12: Kratzsch Originalmotor, eingebaut in ein Kratzsch K3-Modell.

Abb. 3.13: Kratzsch-Motor, eingebaut im Modell „Goldhahn“ mit vorbildähnlicher Motorhaube.

Abb. 3.14: Einbau eines Kratzsch Zweizylinder-Reihenmotors auf Motorträger (Modell „Möbius“).

IV Aerodynamik der Oldtimermodelle

Flügelprofile

Oft sind es zu dicke Profile, die die Flugeigenschaften verschlechtern. Bei einem dicken Profil kommt es oft zu Strömungsablösungen und Hysterese-Verhalten. Das heißt, dass der Auftriebsanstieg mit zunehmendem Anstellwinkel und der Auftriebsabfall bei abnehmendem Anstellwinkel nicht auf der gleichen Polaren-Kurve verlaufen. In der Regel sind Profile mit Dicken von über 12 Prozent zu dick, wobei es eben zu diesen Ablöse-Erscheinungen kommt. Viele Antikmodelle fliegen nur deshalb passabel, weil Störkanten (die Nasenleiste oder Holme) vorhanden sind, die die Strömung turbulent machen. Aus heutiger Sicht ist es kein Sakrileg, dünnere Profile zu benutzen, die eine überkritische Strömung gewährleisten. Einen Anhaltspunkt für die optimale Profildicke liefern die *Tabelle 1* und das Schmitz-Diagramm. Auch sind es ungeeignete Profilnasen mit Bespannungseinfall, die ein ganz anderes, verändertes Profil ergeben. Die wunderschön aussehenden Modelle haben dann eher bescheidene Flugeigenschaften. Eine zu stumpfe Nasenform führt nicht zu dem erwünschten Strömungsumschlag (Übergang in den überkritischen Zustand), sodass ein Turbulator angezeigt ist. Ich selbst verwende bei langsam fliegenden Modellen grundsätzlich Turbulatoren, da der überkritische Zustand erzwungen und nicht dem Zufall überlassen wird. Ich habe noch keinen Fall erlebt, bei dem der Turbulator die Flugeigenschaften verschlechtert hätte – wenn er richtig dimensioniert ist. Man kann annehmen, dass ein Turbulator die effektive Re-Zahl des Profils um rund 30 Prozent erhöht, sodass sich meist eine überkritische Strömung einstellt.

Vertreter der klassischen „Schuhsohlenprofile" sind das Clark Y und das E 205. Beide Profile besitzen gerade Unterseiten, was gute Allround-Eigenschaften ergibt. Fast alle klassischen Segler der amerikanischen Schule (Paragon, Bird of Time, Sagitta, Riser usw.) benutzen solche oder ähnliche

Tabelle 1: Angepasste Profildicke in Abhängigkeit von der Re-Zahl, bzw. Flügeltiefe und Fluggeschwindigkeit.

Re-Zahl	Flügeltiefe mm	Fluggeschwindigkeit m/s	Profildicke %
30.000	100	4	5
50.000	150	4,7	7
70.000	180	5,5	10
100.000	200	7	12

Profile – manchmal auch mit stärker hochgezogener Unterseite im Nasenbereich wie der Philips Entry (Abb. 4.1). Wer auf geringe Sinkgeschwindigkeit Wert legt, sollte Profile mit gewölbter Unterseite benutzen. Besonders die neuen LDA-Profile (Low Drag Airfoils) vereinigen eine geringe Sinkgeschwindigkeit mit einem akzeptablen Penetriervermögen. Zu den LDA-Profilen kann man auch das bewährte Wortman FX 60-100 zählen, das eine wirklich gute Wahl darstellt. Für das Sinken ist natürlich in erster Linie auch die Flächenbelastung maßgebend. Bei A2-Modellen, bei denen das Sinken im Vordergrund steht, sind es 12 g/dm^2. Gute RC-Thermiksegler besitzen dagegen ein G/F von 15 bis 18 g/dm^2. Auch 20 bis 25 g/dm^2 sind noch akzeptabel, wobei das Penetriervermögen bei Wind zunimmt. Die meisten Antikmodelle sollten, entsprechend ihrer früheren Auslegung, überwiegend Langsamflug-Eigenschaften besitzen. Schnelle Rennmodelle entsprechen nicht der ursprünglichen Philosophie zum Zeitpunkt ihrer Konstruktion. Abb. 4.1 zeigt einige für Antiksegler geeignete Profile.

Hat man bereits ein Modell mit dickem Profil, so können Turbulatoren nachträglich die Flugeigenschaften verbessern. Auf jeden Fall sollte dieser Versuch gemacht werden. Wird das Modell nach Anbringen des Turbulators etwas kopflastiger, ist das ein gutes Zeichen, denn die Strömung liegt am Profil länger an und der Druckpunkt wandert nach hinten.

Abb. 4.1: Bewährte Flügelprofile für Antikmodelle mit einer Dicke von ca. 10 Prozent.

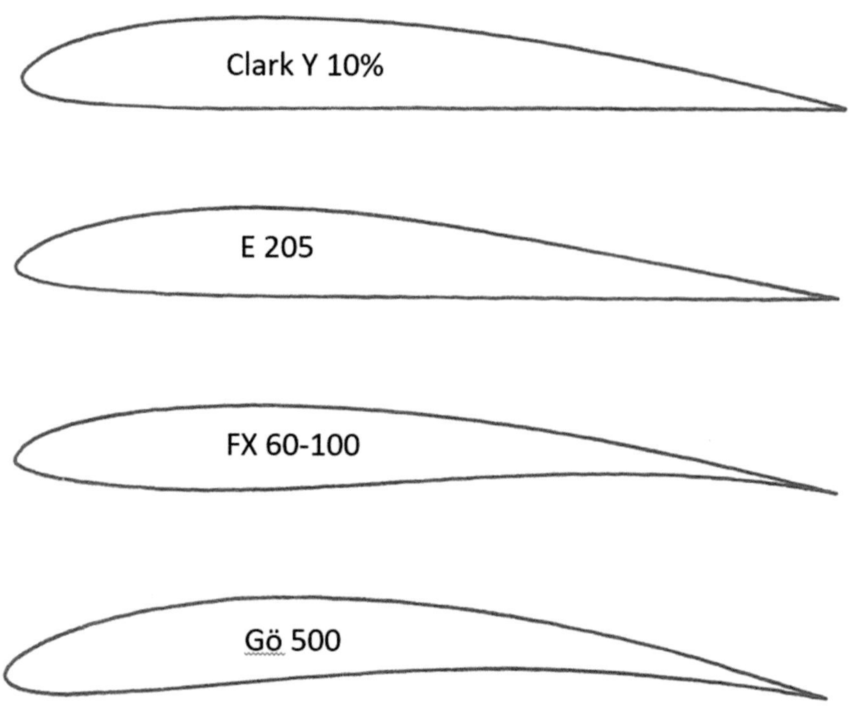

Praxisbeispiel

In der Originalversion hat das HAST-Profil eine Dicke von 12,6 Prozent. Die Flugleistungen wie auch die Flugstabilität sind – aus den geschilderten Gründen – eher bescheiden (Abb. 4.2). Die modifizierte Version benutzt das Gö 500 mit rund 10 Prozent Dicke und beplankter Nase. Die Flugleistungen sind deutlich besser. Mit einem aufgeklebten Zackenband oder TD könnten die Flugleistungen sogar nochmal verbessert werden. Bei offener Bauweise muss zumindest die Nasenkontur mit einer breiten Balsaleiste aufgefüllt werden.

Leitwerksprofile

Auch dem Leitwerksprofil muss großes Augenmerk geschenkt werden, da die Flug- und Stabilitäts-Eigenschaften eng damit zusammenhängen. Das Leitwerksprofil muss – genauso wie das Flügelprofil – der Fluggeschwindigkeit (Re-Zahl) angepasst werden, um überkritisch zu arbeiten. Bei Re = 40.000 eignen sich symmetrische Profile mit ca. 6 bis 8 Prozent Dicke (Abb. 4.3). Von einem tragenden Leitwerksprofil wird beim RC-Betrieb abgeraten. Ausnahmen sind A2-Modelle, die auf geringstes Sinken getrimmt sind. Werden dickere Profile verwendet, sind auf jeden Fall Störkanten oder künstliche Turbulatoren zu empfehlen.

Die einstmaligen Modelle waren Freiflieger und geben ihren Charakter nicht deshalb auf, weil man eine RC-Anlage einbaut!

Abb. 4.2: Ersatz des dicken HAST-Profils in offener Bauweise durch ein dünneres Gö 500. Die aufgefüllte Profilnase verbessert die Profiltreue und bildet eine Turbulenzkante beim Übergang zur Bespannung. Eine Nasenbeplankung mit Turbulator ist vermutlich die beste Lösung.

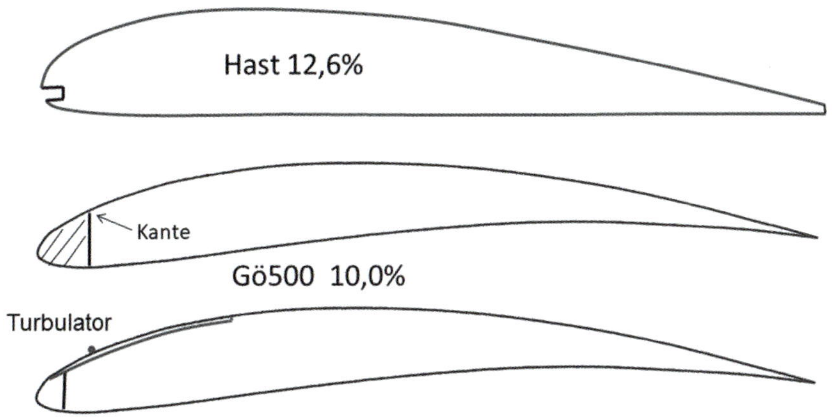

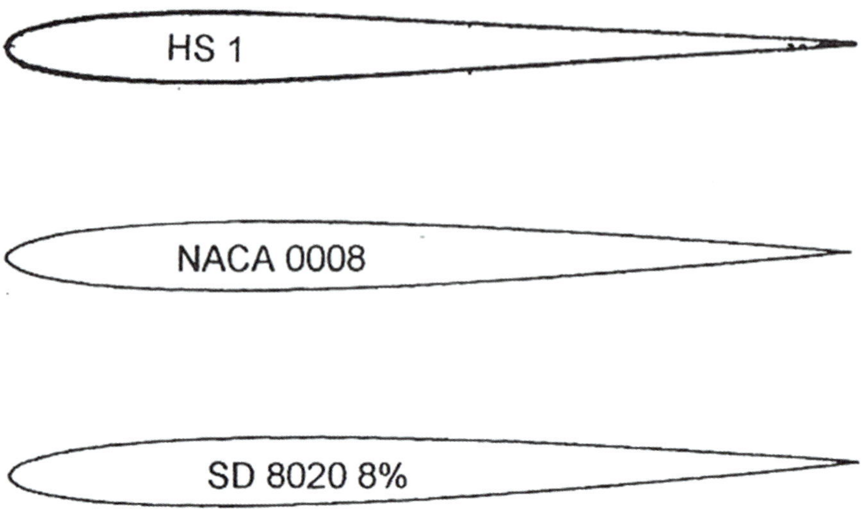

Abb. 4.3: Leitwerksprofile für Fluggeschwindigkeiten von 4 bis 6 m/s (Re = 40.000).

Typisch sind daher geringe Flächenbelastungen und Fluggeschwindigkeiten. Die Reynolds-Zahlen dieser Modelle liegen bei etwa 40.000 bis 100.000. Wer ein so schönes Modell baut, möchte, dass es auch gut fliegt. Die Bauregeln der Antikmodellflugfreunde e.V. lassen deshalb die Verwendung eines anderen Profils zu. Das ist eine vernünftige Regel, führt sie doch zu praxistauglichen Modellen, die neben dem „Antik-Look" auch noch mit ansprechenden Leistungen aufwarten können.

Aerodynamik à la Schmitz

Zentrale Punkte nach der Schmitz'schen Philosophie sind die Flügelprofile und ihr Strömungszustand bei kleinen Re-Zahlen. Im Grunde hat F.W. Schmitz bereits alles in seinem Buch „Aerodynamik des Flugmodells, Tragflügelmessungen I und II bei kleinen Geschwindigkeiten" niedergelegt (Erstausgabe 1942, 5. Ausgabe 1976). Hinzu kamen inzwischen die zahlreichen Messungen an Profilen im niedrigen Re-Bereich, z.B. an den Windkanälen in Stuttgart und Princeton.

Über allem steht das Reynoldsche Ähnlichkeitsgesetz: Zwei Strömungszustände mit gleicher Re-Zahl sind aerodynamisch ähnlich, wobei sich die Re-Zahl in der Luft bekanntermaßen annähert zu: Re = v*t*70 (v Fluggeschwindigkeit in m/s, t Profiltiefe in mm) berechnet. Oldtimermodelle fliegen typischerweise bei Re = 40 bis 80.000. Hier spielt sich auch ein Teil des Vogelflugs ab, wobei wir uns in einem aerodynamischen Übergangsbereich befinden, den Schmitz zeit seines Lebens eingehend erforscht hat.

Profildicke und Nasenradius: Schmitz-Diagramm

Für jede Re-Zahl existieren eine angepasste Profildicke und ein angepasster Nasenradius, bei denen optimale Leistungsdaten erreicht werden. Abb. 4.4 zeigt die Polaren verschieden dicker Profile bei Re = 30.000 und Re = 100.000. Niedrige Re-Zahlen erfordern dünne Profile bis hin zur gewölbten oder ebenen Platte (z.B. Gö 417a). Zur Verbesserung der Statik ist dagegen in der Regel eine möglichst große Profildicke günstig – aber nur, soweit es die Eigenschaften der Grenzschicht zulassen. Einen Anhaltspunkt für den Zusammenhang von Profildicke und kritischer Re-Zahl, liefert das Schmitz-Diagramm, das vom Autor ergänzt wurde (siehe: Abb. 4.5).

Die meisten Oldtimermodelle besitzen Profile mit einer Dicke von 11 bis 14 Prozent und müssten sich eigentlich unterkritisch verhalten. Dass sie dennoch einigermaßen passable Leistungen erbringen, ist der Tatsache zu verdanken, dass meist Stolperstellen an der Nase oder Beplankung vorhanden sind, die die Strömung vorzeitig turbulent werden lassen. Das kann z.B. auch die nach innen einspringende Hinterkante der Nasenleiste oder der Beplankung sein.

Ein – von der Dicke her nach obiger Grafik angepasstes – Profil mit einer entsprechenden

Abb. 4.4: Polaren typischer Profile bei unterschiedlichen Re-Zahlen (schematisch): Ebene Platte, gewölbte Platte und 10 Prozent dickes Profil. Je nach Re-Zahl, erreichen Profile mit bestimmten geometrischen Parametern (Dicke, Nasenradius, Wölbung, usw.) ihre besten Werte. (aus: Wing Theory, Princeton University Press, 1990).

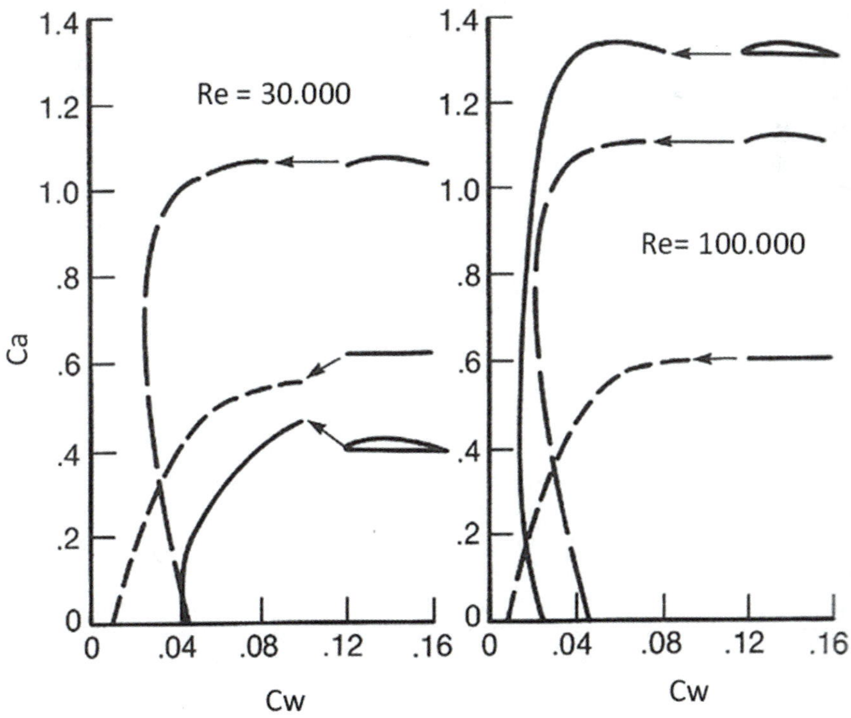

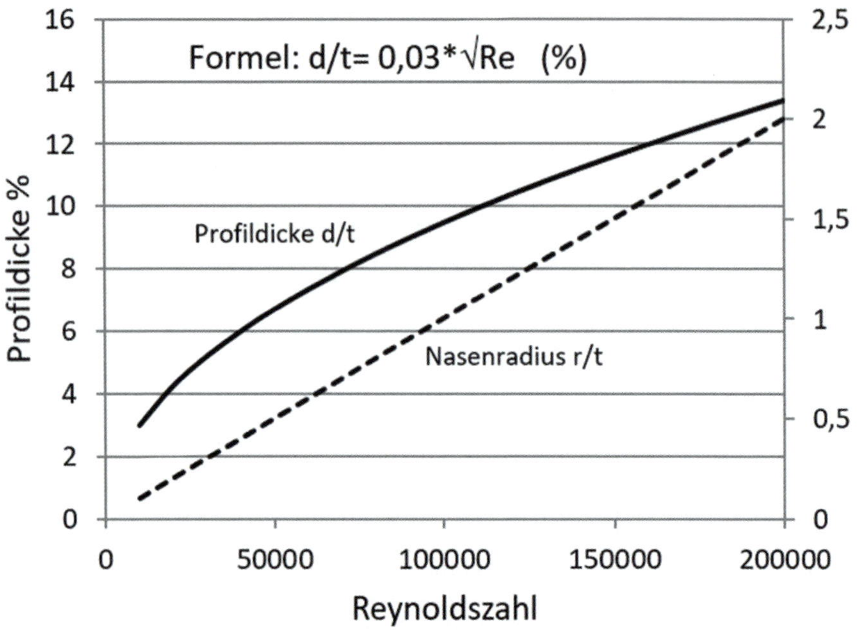

Abb. 4.5: Maximale Profildicke sowie Nasenradius zum Erreichen überkritischer Strömung in Abhängigkeit von der Re-Zahl (nach F.W. Schmitz).

Konturgenauigkeit, ist um ein Vielfaches besser, als ein zu dickes Profil mit Bespannungseinfall. Sehr wichtig ist die Einhaltung der Kontur im Nasenbereich: Eine offene Bauweise kann bei größerem Rippenabstand keine ausreichende Profilgenauigkeit gewährleisten. Das bedeutend, dass die Zwischenprofile ziemlich beliebig sind und mit dem Original so gut wie nichts mehr gemein haben.

Folgende Lösungen führen zur Verbesserung der Flugleistung:

- Bei offener Bauweise: Verwendung von Halbrippen, sodass der Rippenabstand im Nasenbereich maximal 25 mm beträgt.
- Auffüllen der Nasenpartie mit einer breiteren Balsaleiste.
- Beplankung des Nasenbereiches – gegebenenfalls zusammen mit einem Turbulator, zur Erzeugung künstlicher Turbulenz.
- Im Vordergrund sollte die richtige Auswahl des Profils hinsichtlich Dicke und Nasenradius, entsprechend dem Schmitz-Diagramm, stehen. Künstlich turbulent gemachte, zu dicke Profile, sind von der Wirkung her immer schlechter als ein geeignetes Profil im überkritischen Zustand.

Turbulatoren

Turbulatoren sind Hilfsmittel zur künstlichen (erzwungenen) Turbulenzanregung. Abb. 4.6 zeigt verschiedene Ausführungsformen. Da ein Turbulator auch ein Zusatzwiderstand darstellt, ist bei der Bemessung vorsichtig vorzugehen. Stufenhöhen bzw. Drahtdicken über 0,6 mm sind zu vermeiden – da sie zudem den Auftrieb stören können (Schmitz, 1942).

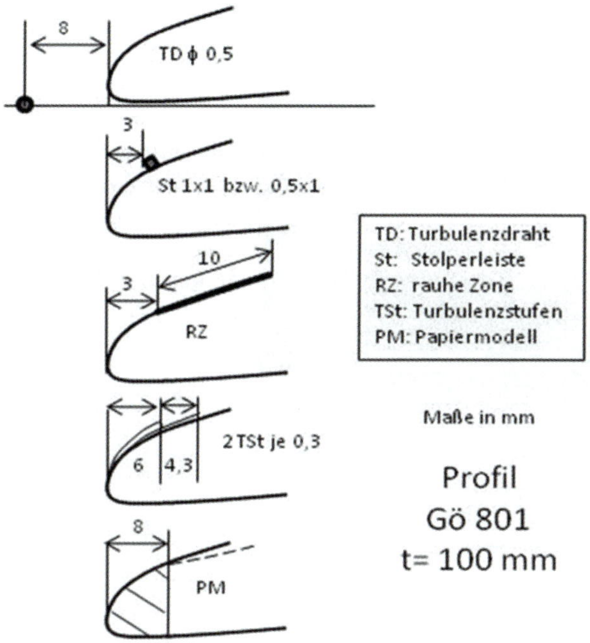

Abb. 4.6: Die von Schmitz am Profil Gö 801 vermessenen Turbulatoren: Vorgespannter Draht, aufgeklebte Stolperleiste, raue Zone, zwei Stufen, Papiermodell mit Naseneinfall.

Stolperstufen bis zu 1 mm Höhe sind nur bei sehr niedrigen Re-Zahlen (unter 20.000) angezeigt. In allen anderen Fällen wird man mit 0,5 mm Stufenhöhe bzw. Drahtdicke auskommen. Generell gilt, dass die Störung vor der laminaren Ablöseblase liegen soll, sonst wird sie von der Blase „zugedeckt".

Hier noch einmal die Schmitz`schen Ergebnisse aus den Tragflügelmessungen II am Profil Gö 80:

- Der Vorspanndraht TD mit einer Dicke von 0,5 mm, angebracht etwa 8 Prozent t vor der Nasenleiste auf der Profilsehne (= Unterseitentangente) liefert von Re = 30.000 bis Re = 100.000 die besten Ergebnisse, gefolgt vom Papiermodell PM (volle Nasenleiste mit einspringender Kante beim Übergang zur Bespannung), zwei Turbulenzstufen TSt aus Klebefilm je 0,3 mm Dicke, raue Zone RZ (ca. 10 mm Schmirgelpulverstreifen hinter der Nase), Stolperleiste St 0,5 mm.

- Die Stolperleiste mit 1 mm Höhe verringert den Auftrieb und ist im Normalfall kontraproduktiv (außer bei Re < 20.000, wo sie die beste Lösung darstellt).

- Eine durchgängige Rauigkeit erhöht den Widerstand, falls die Rauhigkeitshöhe zu groß wird. Es reicht also in der Regel eine einmalige Anregung der Turbulenz an der richtigen Stelle – bei sonst naturrauer oder glatter Oberfläche (z.B. Papierrauigkeit). Kontraproduktiv sind mehrfach herausstehende Kanten. Die Profilunterseite sollte dagegen möglichst glatt bleiben, um eine widerstandsarme laminare Strömung zu erhalten.

- Die günstigste Lage von aufgeklebten Störkörpern wie Streifen, Schnüren oder einem Zackenband ist typischerweise 5 bis 15 Prozent hinter der Naseneintrittskante. Bei Laminarprofilen, wie dem E 0058 (Gö 804), nutzt man den

Abb. 4.7: Verschiedene Turbulator-Ausführungsformen:
a) 0,5 mm dickes Zackenband,
b) vorgespannter Turbulenzdraht ϕ 0,5 mm.

Beispiel: Espada

Stiftdurchmesser	1,0 mm
Freie Stiftlänge	1,0 mm
Stiftabstand	8 mm

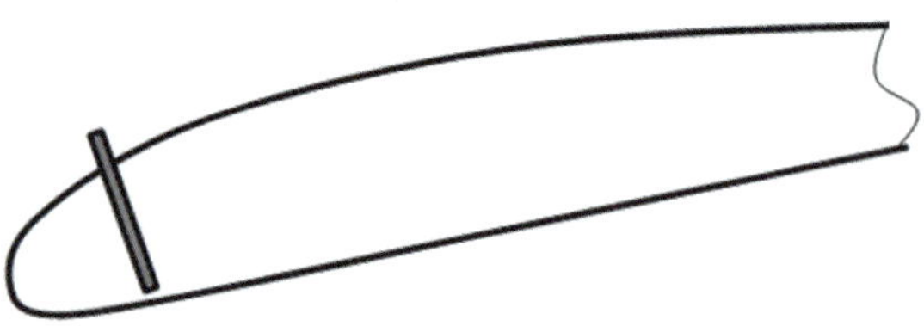

Abb. 4.8: Beispiel für die Auslegung eines Stift-Turbulators am F1B-Modell ESPADA.

sanften Druckanstieg an der Nase (Kraemer, 1961) und bringt den Turbulator erst bei 25 bis 30 Prozent an. Das Gö 804 kann durch den Turbulator überhaupt erst flugfähig gemacht werden, zeigt dann aber hervorragende Leistungen. Die Gefahr bei zu rückwärtiger Anbringung des Turbulators ist, dass dieser von der Laminarblase (Nasen-Umschlagwirbel) zugedeckt und damit unwirksam gemacht wird. Genau das passiert beim vorgespannten TD nicht, weshalb er über einen größeren Re-Bereich wirksam ist.

- Turbulenzgeber, wie Zackenbänder werden auch an Windturbinen und Groß-Segelflugzeugflügeln verwendet. Eine Besonderheit stellt der sehr wirksame Stift- oder Eulenturbulator dar - mit einer Stiftreihe entlang der Profilnase. Die beiden letztgenannten Turbulatoren wurden von A. Schäffler und R. Hofsäss im Wasserkanal der TU Stuttgart untersucht und haben sich als sehr wirksam erwiesen. R. Höbiger gibt im NFFS Symposium Report 2005 als einfache Formel für den Stiftdurchmesser d = 3/v (v Fluggeschwindigkeit in m/s, d in mm) an. Die Stiftlänge sollte etwa das 1,3-fache des Stiftdurchmessers betragen und der Stiftabstand ca. 6 bis 7 mm (siehe Abb. 5.1 bis 5.3, Kapitel V).

- Zumindest im Windkanal hat auch der Blasturbulator eine Verbesserung erbracht. Das Ausblasen erfolgt über feine Löcher mit Durchmessern von 0,3 Prozent der Profiltiefe t hinter der Profilnase. Der Überdruck für das Ausblasen wird aus Versorgungsbohrungen auf der Profilunterseite gewonnen (Schwetzler, FMT 2/1987). Bei Freiflug-Versuchen des Autors konnte der Blasturbulator allerdings nicht überzeugen. In Abb. 4.7 und Abb. 4.8 sind verschiedene Ausführungsformen von Turbulatoren anhand heutiger Modelle gezeigt.

Hysterese

Neben der Verbesserung der aerodynamischen Parameter wie Sinkgeschwindigkeit, Gleitzahl und Maximalauftrieb, kann ein Turbulator auch die Flugstabilität verbessern. Die dicken Profile zeigen zumeist Hysterese-Erscheinungen im betreffenden niedrigen Re-Bereich. Das bedeutet, nach Überschreiten des Maximalauftriebes, liegt die Strömung erst bei deutlich geringeren Anstellwinkeln wieder an (Abb. 4.9). Dies kann zu einem unstetigen Flugverhalten führen. Ergebnisse von Windkanalmessungen weisen diesen Hysterese-Bereich oft nicht aus und zeigen nur die Kurve für zunehmenden Anstellwinkel. Ein Profil mit starker Hysterese ist aber bei hohen Auftriebsbeiwerten quasi fluguntauglich. Dünne Profile sind dagegen weitgehend frei von Hysterese. Durch Anwendung von Turbulatoren kann auch bei dickeren Profilen der Hysterese-Bereich eingegrenzt und damit die Flugeigenschaften verbessert werden.

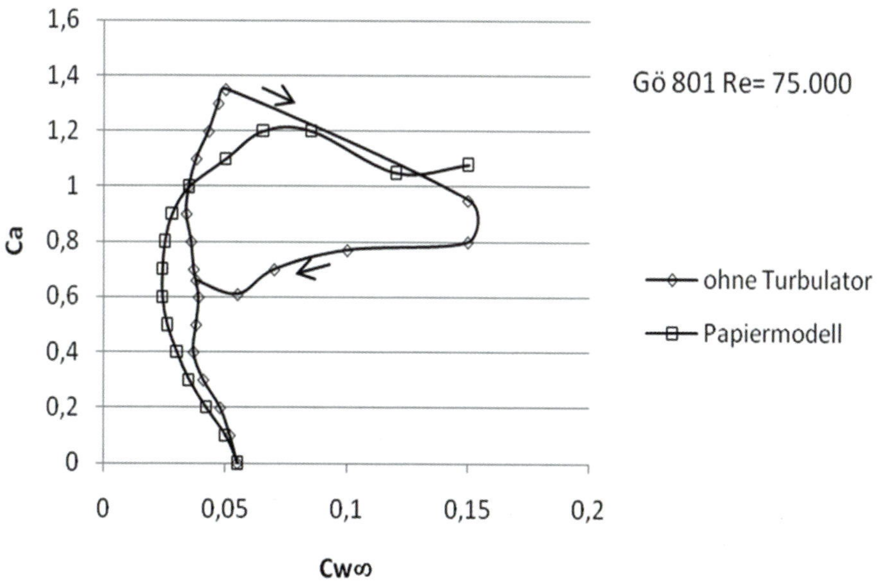

Abb. 4.9: Ein dickes Profil wie das Gö 801 zeigt bei Re = 75.000 starke Hysterese-Erscheinungen: Anstieg und Abfall des Auftriebsbeiwertes erfolgen nicht auf der gleichen Kurve. Dagegen ist das papierbespannte Profil mit der Turbulenzkante an der Nase praktisch frei von Hysterese.

Zusammenfassung

Oldtimermodelle erfordern hinsichtlich der Profile eine besondere Sichtweise, die im Wesentlichen bereits F.W. Schmitz im Jahr 1942 dargelegt hat. Um gute Flugleistungen zu erlangen, muss der überkritische Strömungszustand angestrebt werden. Das heißt, dass bei einer bestimmten Re-Zahl eine gewisse Profildicke bzw. ein bestimmter Profilradius nicht überschritten werden darf. Gegebenenfalls sind künstliche Turbulenzgeber erforderlich, um die Flugeigenschaften zu verbessern.

Literatur

F. W. Schmitz, Aerodynamik des Flugmodells, Tragflügelmessungen I und II bei kleinen Geschwindigkeiten, 5. Auflage, Luftfahrt-Verlag Walter Zuerl, 1975.

H. Eder, Langsam voran, Profilmessungen im Bereich niedriger Re-Zahlen, Aufwind 3/2011.

K. Kraemer, Flügelprofile im kritischen Reynoldszahl-Bereich, Forschung auf dem Gebiete des Ingenieurwesens, Bd. 27 (1961) Nr. 2, S. 33-46.

R. T. Jones, Wing Theory, Princeton University Press, 1990.

V Flugstabilität

Korrekturen kosten Leistung

Ein Modell bringt nur die beste Leistung, wenn es eigenstabil fliegt. Jede Korrekturbewegung im Flug kostet Leistung – indem sie den Widerstand erhöht und das Profil während der Störung nicht mehr optimal arbeitet. Solche Korrekturen der Fluglage finden ständig statt – ohne dass das Auge sie bemerkt!

Schwerpunktlage und Trägheitsmoment

Der Abstand von Schwerpunkt und Neutralpunkt bestimmt das Stabilitätsmaß. Der Neutralpunkt (NP) eines Flugmodells ist wie folgt definiert: Wenn man die Querachse des Modells durch den Neutralpunkt legt, dann ergibt sich bei der Zu- oder Abnahme des Anstellwinkels ein konstantes Drehmoment – deshalb auch Neutralpunkt genannt. Würde der Schwerpunkt im Neutralpunkt liegen, wäre das Modell jedoch indifferent (keine Korrektur möglich) und damit letztlich instabil. Der Schwerpunkt (SP) muss daher ca. 5 bis 15 Prozent vor dem

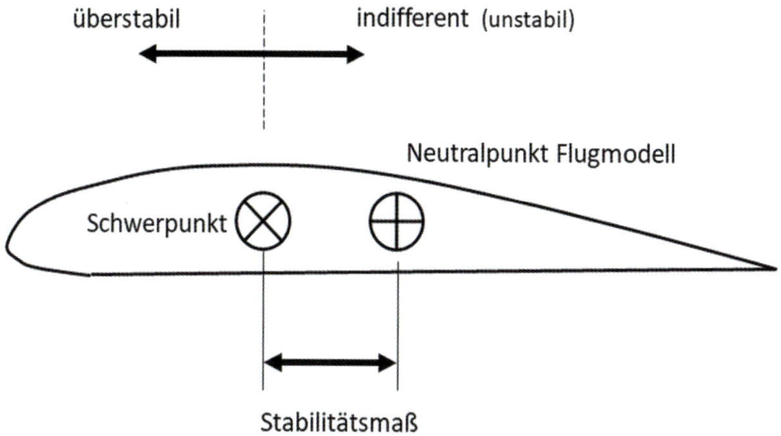

Abb. 5.1: Das Stabilitätsmaß ist der Abstand von Schwerpunkt und Neutralpunkt, bezogen auf die Flügeltiefe. Änderungen des Schwerpunktes beeinflussen die Rückstellkräfte um die Querachse und damit die Längsstabilität.

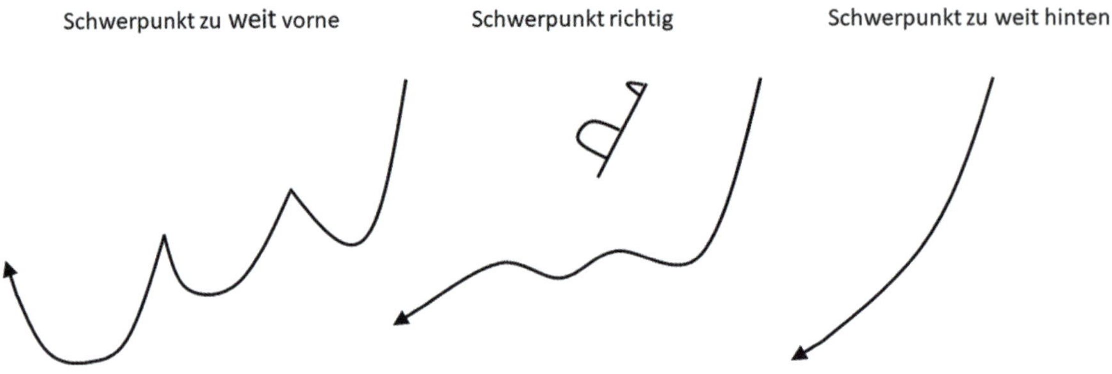

Abb. 5.2: Das Dämpfungsverhalten eines Flugmodells bei verschiedenen Schwerpunktlagen. Das richtige Flugverhalten um die Querachse muss durch verändern der SP-Lage „erflogen" werden.

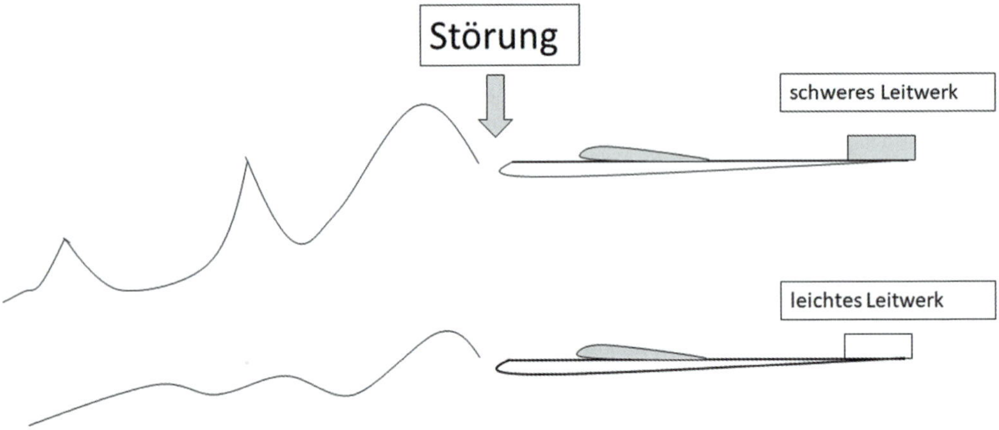

Abb. 5.3: Einfluss der Massen-Trägheit: Die Störung schaukelt sich auf (schweres Leitwerk), die Störung wird gedämpft (leichtes Leitwerk).

Neutralpunkt liegen, damit das Modell längsstabil fliegt und Störungen um die Querachse selbsttätig ausregelt (Abb. 5.1). Ist der Abstand SP zu NP zu groß – also liegt der SP zu weit vorne, kann das Modell um die Querachse über-längsstabil werden und ungedämpfte Schwingungen vollführen. Bei einem zu weit hinten liegenden Schwerpunkt wird das Stabilitätsmaß zu klein und das Modell kann Störungen nicht mehr ausgleichen: Es geht auf den Kopf, das bedeutet, es unterschneidet. Die beste Methode ist, den SP zu erfliegen (Abb. 5.2). Wenn das Modell mit dem Tiefenruder leicht angedrückt und dann sich selbst überlassen wird, sollte es maximal 2 bis 3 Schwingungen (Phygoiden) ausführen und dann in die normale Fluglage zurückgekehrt sein. Die Phygoiden besitzen, im Unterschied zu Schwingungen des Anstellwinkels, wenig Dämpfung. Deshalb muss der SP sehr genau eingestellt werden. Viele Modelle beruhigen sich jedoch auch bei optimaler SP-Lage nicht von selbst, weil die Schwungmasse (Trägheitsmoment) um die Querachse zu groß ist. Das Trägheitsmoment hängt wesentlich vom Gewicht der Leitwerke und des Leitwerksträgers ab. Je leichter diese Komponenten sind, desto geringer ist das Massen-Trägheitsmoment um die Querachse. Aerodynamiker wie Hans-Heiri Thomann haben das schon in den 1960er-Jahren erkannt und ihre Wettbewerbsmodelle mit sehr leichten Leitwerken und Leitwerksträgern ausgestattet (Abb. 5.3).

Es besteht nach wie vor der Irrtum, dass bei einer Schwingungsneigung um die Querachse, der SP nach vorn verlegt werden muss. Das Gegenteil ist jedoch der Fall: Das Zurückverlegen des SP reduziert die Rückstellkraft und erhöht die Schwingungsdämpfung. Ein Vorverlegen facht die Schwingungen an, da die Rückstellkräfte größer werden. Natürlich muss bei jeder SP-Veränderung mit dem Höhenruder nachgetrimmt werden, um den getrimmten Flugzustand wieder herzustellen.

Hysteresefreie Profile

Wie schon im Kapitel „Aerodynamik" besprochen, zeigen Profile mit einer Dicke von über 10 Prozent bei den niedrigen Re-Zahlen Hysterese-Verhalten. Eine befriedigende Längsstabilität ist dann nicht möglich – auch wenn man versucht, die Lage des Schwerpunkts zu optimieren. Abhilfe schaffen dünnere Profile oder ein Turbulator an der Profilnase. Zumindest wird die Profil-Hysterese dann reduziert und somit das Stabilitätsverhalten verbessert.

VI Flugpraxis

Lage des Hochstarthakens

Wichtig ist zunächst die richtige Lage des Hochstarthakens. Hier gilt genauso wie beim Schwerpunkt: Die richtige Hakenlage ist von Modell zu Modell verschieden und muss „erflogen" werden.

Meist beginnt man mit einer Vorlage von 20 Grad, gemessen von der Senkrechten durch den Schwerpunkt (Abb. 6.1). Ist die Ausklinkhöhe nicht befriedigend, kann man noch etwas weiter zum Schwerpunkt zurückgehen. Das Modell sollte jedoch nicht zum Ausbrechen neigen, sonst muss der Haken schleunigst wieder nach vorn verlegt werden. Nur bei starkem Wind sollte der Haken etwas weiter vorn liegen. Verstellbare Hochstarthaken oder Multihaken sind daher günstig, um bei jeder Windsituation die maximale Ausklinkhöhe zu erreichen. Bei hohen Rümpfen ist das Hochstartverhalten oft problematisch, da das Modell zum Aufbäumen neigt. Hier empfiehlt sich das Gabelseil, das seitlich am Rumpf oder am Flügel vor dem SP angebracht wird. Je näher der Hochstarthaken am Flügel angeordnet wird, desto besser ist das Hochstartverhalten!

Bei den hohen Anströmwinkeln im Hochstart ist ein gutmütiges Überziehverhalten besonders wichtig. Bei Modellen, die den hohen Anströmwinkel im Hochstart nicht vertragen – also nicht steil wegsteigen bzw. abkippen –, sollte ein Turbulator Erfolg bringen. Das Modell mit gutem Hochauftriebsverhalten steigt steil und völlig stabil, um mit maximaler Höhe auszuklinken. Sollte das Modell beim Hochstart an der Schnur pendeln, muss der Haken weiter zurück verlegt werden.

Abb. 6.1: Die Lage des Hochstarthakens beim Einfachseil und beim Gabelseil.

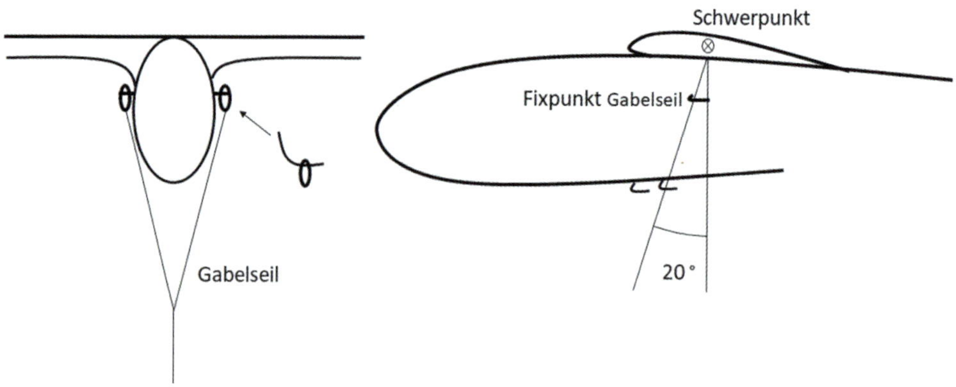

Laufstart

Wegen des geringen Fluggewichts mancher Antiksegler, ist der Laufstart durchaus empfehlenswert. Es ist ein völlig neues Gefühl, ein Modell direkt an der Leine zu haben und den Zug unmittelbar zu spüren. Bei leichtem Wind oder Windstille empfehle ich immer eine Umlenkrolle. Damit wird das Hochstarten viel entspannter. Wenn man nicht so schnell rennen muss, kann man sich besser auf das Modell konzentrieren.

Das Modell sollte durch den Helfer unter einem Winkel von ca. 20 Grad der Rumpf-Längsachse zur Horizontalen freigegeben werden, sodass es sofort mit dem richtigen Winkel wegsteigt (Abb. 6.2) Keinesfalls darf man Schwung nach vorne geben, sondern sollte das Modell erst loslassen, sobald ausreichend Leinenzug aufgebaut ist!

In jedem Fall muss man das Modell beim Start möglichst hoch über dem Kopf halten, damit nicht das Leitwerk am Kopf streift! Vorsicht ist bei Wind angesagt, wenn das Modell in der ersten Phase schnell steigt. Gegebenenfalls muss der Starter sogar stehen bleiben – das Modell steigt dann von alleine wie ein Drache in die Höhe. Sind etwa 70 Prozent der Ausklinkhöhe erreicht, kann man durch Laufen versuchen, diese noch zu steigern. Während des gesamten Hochstarts soll die Zugkraft etwa gleich bleiben. Entsprechend ist das Lauftempo des Starters abzustimmen. Bei etwas Wind können mit Hilfe einer Umlenkung sogar große Segler bis 3 m Spannweite hochgestartet werden.

Abb. 6.2: Die Rumpfspitze weist beim Hochstart etwas nach oben, damit sich schnell Auftrieb entwickeln kann.

Gummistart

Je nach Modellgewicht benötigt man beim Gummistart ein 5, 6, oder 8 mm dickes Schlauchgummiseil. Am elastischsten ist reiner Latexschlauch (Naturkautschuk) in der typisch bräunlich-transparenten Farbe. Die Gummilänge zur Seillänge sollte möglichst im Verhältnis von etwa 1:3 stehen. Damit erhält man ein weiches Zugverhalten über den gesamten Startvorgang. Bei kürzeren Gummilängen hat man anfangs den vollen Zug, der dann schnell nachlässt. Vollgummiseile oder Seile aus eingefärbtem Gummi besitzen oft keine gute Dehnbarkeit bzw. sind zu hart. Der Gummi muss ein weiches Dehnverhalten haben, was bei Naturkautschuk (Latex) zutrifft. Dieses erkennt man an der transparent bräunlichen Farbe. Der Gummischlauch wird soweit ausgezogen (etwa 2- bis 3-fache Dehnung), dass das Modell aus der Hand sofort mit steilem Winkel wegsteigt. Schläuche aus Latex kann man z.B. im Laborbedarf beziehen (siehe Bezugsquellen).

Windenstart

Die erforderliche Leistung einer Winde hängt hauptsächlich vom Gewicht und von der Flächenbelastung des Modells ab. Wegen der geringen Fluggeschwindigkeit können Leichtwindsegler schon mit relativ kleinen Elektro-Winden gestartet werden. Bei geringem Wind gehen sie wie Drachen nach oben und ziehen die Schnur selbst heraus. Eine für Antiksegler hervorragend geeignete Winde ist die von Peter Dost. Sie wird von zwei Speed-Motoren angetrieben bzw. neuerdings mit einem

Abb. 6.3: Die Dost-Winde mit Zugregelung für Segler aller Gewichtsklassen.

Brushless-Motor. Die Winde besitzt eine voreinstellbare Zugspannungsregelung von 1 bis 10 kg und ist für jeden Modelltyp einsetzbar.

Der Anlauf des Motors ist geregelt und erfolgt langsam. Erst wenn der Sensor einen Zug spürt, geht der Motor auf Touren. Als Schleppseil wird z.B. das Seil von Stroft (GTM) mit einer Dicke von 0,6 mm (und 28 kg Bruchlast) empfohlen. Normale Perlon-Angelschnüre sind wenig geeignet. Mit einem 700 m langen Seil (1× umgelenkt), bekommt man bei günstigen Bedingungen Ausgangshöhen von über 200 Meter.

Abstiegshilfen

Abstiegshilfen dienen einem sanften Höhenabbau. Werden die Segler am Himmel immer kleiner, ist oft ein kontrollierter Abstieg aus der Thermik mit normalen Mitteln nicht mehr möglich, da eine Sichtkontrolle teilweise wegfällt.

Bei Modellen, die entsprechend belastbar sind, kann man gleichzeitig mit kräftigem Höhen- und Seitenruder Steiltrudeln erzeugen. Das Modell kann dabei jedoch auch ziemlich schnell werden und in der Luft zu Bruch gehen.

Es gibt keine schonendere Methode zum Höhenabbau als die Thermikbremse, die bei Bedarf gegebenenfalls auch wieder eingefahren werden kann. Die Verbindung zum Höhenleitwerk erfolgt z.B. mit einer Zugleine – wobei das Leitwerk einen Gummizug besitzt, der dieses, bei Lockerung der Leine, bis zu einer Begrenzung hochklappen lässt (Abb. 6.4).

Zur Ansteuerung der Thermikbremse ist insbesondere ein 180-Grad-Servo mit langem Hebel geeignet (Abb. 6.5). In seiner Neutralstellung zeigt der Servohebel nach vorn und besitzt damit einen kleinen Hub für

Abb. 6.4: Das Hochklappen des Leitwerks um ca. 40 Grad leitet den Sackflug ein.

Abb. 6.5.: Das Prinzip der Thermikbremse.

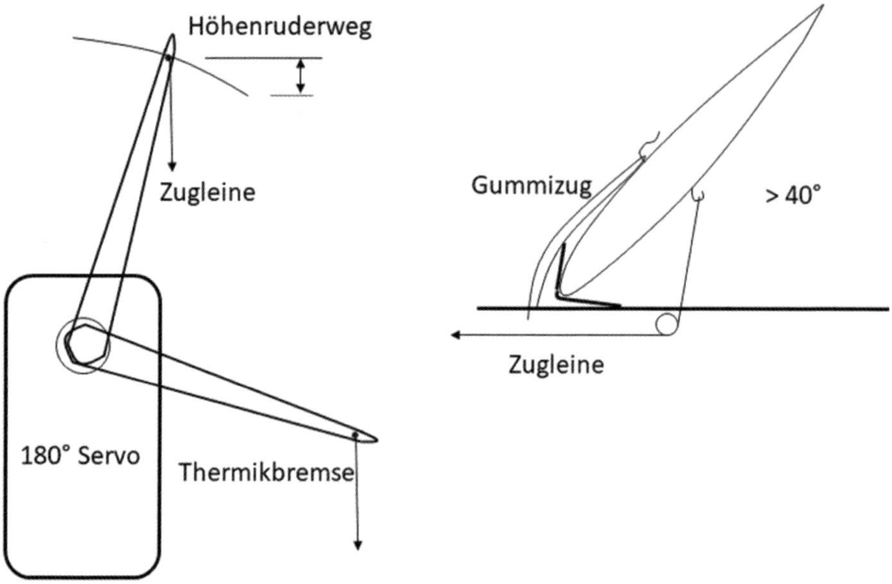

die normale Höhenruderfunktion. Bei einem Vollausschlag bekommt das HLW genug Leine, um nach oben zu klappen. Benutzt man zusätzlich die Kennlinie „exponentiell", hat man bei kleinen Knüppelbewegungen kleine Ausschläge am Höhenruder und bei großen Knüppelbewegungen den vollen Servoweg für das Ausfahren der Thermikbremse. Der Klappwinkel sollte mindestens 40 Grad betragen. Zu kleine Klappwinkel können Looping- oder Trudel-Tendenzen erzeugen!

Das Modell bäumt sich beim Hochklappen des Leitwerks kurz auf und sackt dann stabil durch. Wird die Leitwerks-Steuerleine vom Servo wieder eingeholt, dann geht das Modell ohne Probleme in den normalen Gleitflug über.

Störklappen: Um die Klappe beim Einfahren sicher geschlossen zu halten, werden kleine Magnete verwendet. Fertigklappen mit eingebautem Antrieb sind zudem eine weitere mögliche Lösung. Allerdings ist die Ausführung schwerer und bedarf einer gewissen Konstruktionshöhe.

Bremsschirme: Die Problematik besteht im sicheren Auswerfen des Schirmes. Ich setze den gefalteten Schirm auf ein kleines gefedertes Podest, das beim Schließen der Schirmkammer eingedrückt wird. Wird nun die Abdeckung der Schirmkammer per Servo entriegelt, schnellt das Podest nach oben und setzt den Schirm frei. Der Schirmstoff sollte leicht sein und beim Zusammenlegen keine bleibenden Pressfalten bilden (z.B. Fallschirmseide). Die Wirkung eines Brems-Schirmes ist ziemlich heftig, sodass Durchmesser von bis zu 20 cm völlig ausreichend sind. Die Befestigung der Schirmleine sollte im Bereich des Modell-Schwerpunktes erfolgen.

Thermiktaktik

Über das Thermikfliegen ist schon viel geschrieben worden, was hier nicht ausführlich wiederholt werden soll. Es gehört sozusagen zum Einmaleins des Modellsegelfliegers.

Ich möchte aber einige bekannte Tricks beschreiben, die ich selbst mehr oder weniger erfolgreich erprobt habe.

Die bekannte Taktik besteht darin, in gerader Strecke gegen den Wind zu fliegen und das Modell genau zu beobachten. Ein gutes Anzeichen ist immer, wenn das Modell unruhig wird. Es „winkt" mit dem Flügel und signalisiert „jetzt einkreisen". Beobachtet man kein Steigen, wechselt man nach einem Vollkreis die Kurvenrichtung und versucht es zur anderen Seite.

Wenn man einmal Thermik "erschnüffelt" hat, sollte man das Modell möglichst mitdriften lassen, das bedeutet eine feste Kurve und eine feste Höhentrimmung einzustellen – sodass das Modell mit dem umgebenden Luftpaket „mitschwimmen" kann. Hier ist es ganz besonders wichtig, dass das Modell eigenstabil fliegt. Hat man nicht richtig zentriert, versucht man durch gezieltes Erweitern der Kreise nach einer Seite eine bessere Zentrierung im Aufwind zu erreichen. Diese Taktik wenden auch Störche an, die ich jahrelang beobachtet habe.

Sehr eigenstabil fliegende Modelle lasse ich bei Schwachwind mit fest eingestellter Kurve einfach ziehen, wenn ich in der Nähe Aufwind „spüre". Mehrfach konnte ich beobachten, dass das Steigen von alleine immer stärker wurde. Das sogenannte Entrainment – also die seitlich von unten in die Blase einströmende Luft – zieht das Modell von selbst hinein und zentriert es automatisch in der Blase. Man sollte also die Geduld zum Beobachten haben und nicht ständig mit dem Knüppel rühren – das kostet Leistung. Hier kommt die Eigenstabilität der Modelle voll zum Tragen.

Zudem ist die Beobachtung der Windrichtung am Boden für das Thermikfliegen von entscheidender Bedeutung. Die vorherrschende Windrichtung wird nämlich durch das Entrainment verfälscht. Wenn die Windrichtung plötzlich deutlich abweicht – oft auch noch verbunden mit abflauendem oder auch auffrischendem Wind – geht meist eine Warmluftblase in der Nähe ab. Die Blase saugt von allen Seiten große Luftmengen an. Die Überlagerung von ungestörter Windrichtung und Entrainment ergibt dann die wahre Windrichtung, die von der Windfahne angezeigt wird. Abb. 6.6 zeigt, wie man sich diese Überlagerung vorzustellen hat und wo die abgehende Thermik zu suchen ist.

Das „Strahlen" des Windes (eine vorübergehende Änderung der Windrichtung) ist sehr oft durch nahe thermische Ablösungen bedingt. Man sollte in jedem Fall immer ein Flatterband an einer Stange befestigen und der angezeigten Richtung folgen, wenn man in der Nähe Aufwind sucht.

Wenn an einem windstillen Tag plötzlich Wind aufkommt, stammt dieser meist vom Entrainment einer nahegelegenen Blase. Die Thermik ist dann der einzige Grund für die Entstehung des Windes und man kann ziemlich gut darauf vertrauen, dass die Windfahne geradewegs auf die Ablösung zeigt.

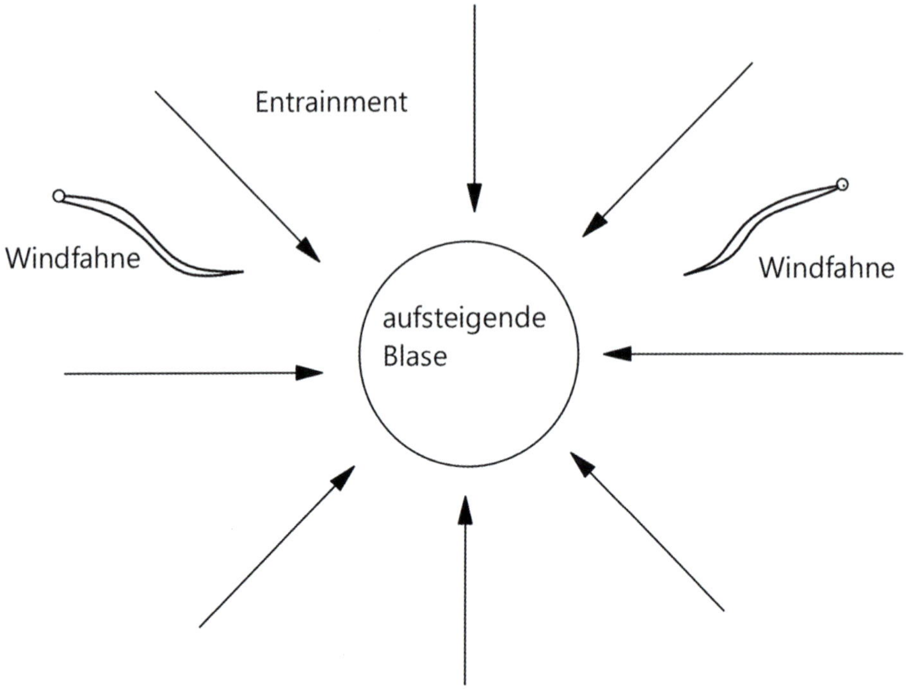

Abb. 6.6: Entrainment einer Thermikblase: Die Windfahnen zeigen in Richtung des Aufwindzentrums.

VII Modellportraits

Bannsperber

Konstrukteur: Robert Poulain
Jahr: 1935
Spannweite: Original (Freiflugmodell): 2.400 mm
RC Version von Ecirtech: 2.975 mm
Gewicht: (RC Version von Ecirtech): 2.300 g
Profil: Clark Y
Bauplan-Bezug: Outerzone free plans, Ecirtech (Plan und Frästeile)

Bannsperber (Spannweite: 2.400 mm), beim Antikfliegen am Rollenberg bei Harburg, Bayern.

Hier die vergrößerte RC Version des Bannsperber mit 2.975 mm Spannweite im Flug.

Zlin Z 24 Krajanek

Konstrukteur: Antonin Alfery
Jahr: 1992
Spannweite: 1.210 mm (48 inch)
Gewicht: 250 g (ohne RC)

Bauplan-Bezug: Verlag für Technik und Handwerk neue Medien GmbH, Bestellnummer: 320 1054

Die Zlin 24 basiert auf dem Flugzeugmuster „Grunau Baby". Für den Hochstart sollte man wegen des hohen Rumpfes ein Gabelseil verwenden.

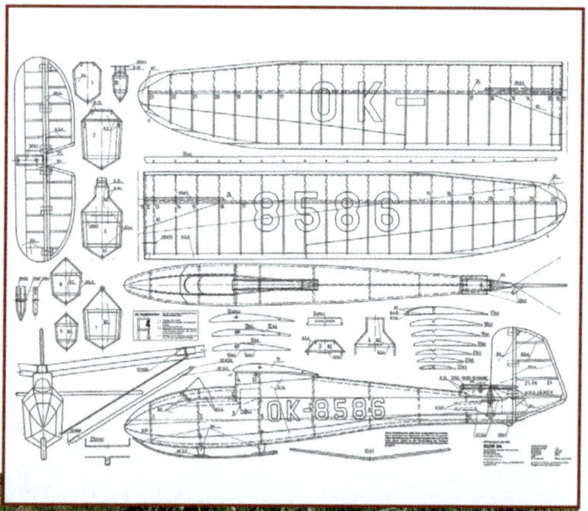

Alstermöve GH49

Konstrukteur:	Gerhard Harder	**Profil:**	Gö 682, NACA 0009
Jahr:	1948	**Bauplan-Bezug:**	Paul Hucke Archiv
Spannweite:	1.800 mm		Verlag Hamburger
Gewicht:	ca. 900 g		Freie Presse

Nachbau der „Alstermöve" – um ca. 10 Prozent vergrößert.

Bird of Time

Konstrukteur: Dave Thornburg
Jahr: 1979
Spannweite: 3.000 mm (118 inch)
Bauplan-Bezug: Paul Hucke Archiv

Der "Bird of Time" mit seiner unverwechselbaren Silhouette.

Bowlus Baby Albatross

Konstrukteur:	Hawley Bowlus	**Profil:**	Clark Y/RAF 32
Jahr:	1937	**Bauplan-Bezug:**	Verlag für Technik und Handwerk neue Medien GmbH, Bestellnummer: 320 1302
FMT-Modell:	Zdenek Raska		
Spannweite:	2.055 mm		
Gewicht:	900 g		

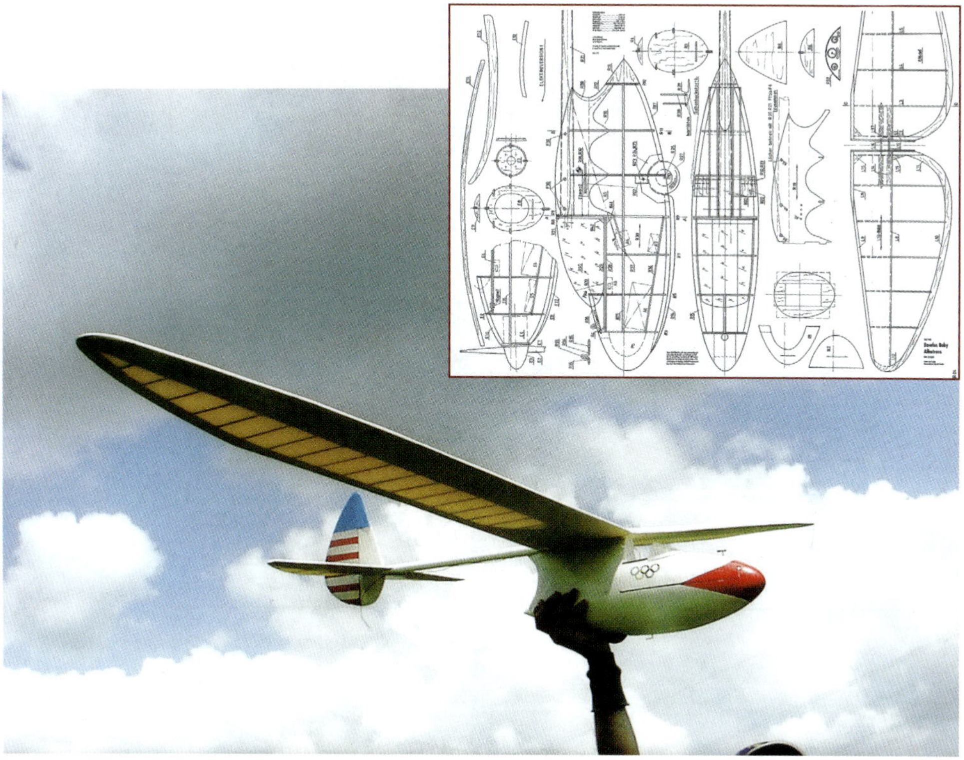

Das Bowlus Baby Albatross war im Original ein amerikanisches Low-Budget Amateur-Segelflugzeug.

Volus

Konstrukteur: Robert Lestourneaud
Jahr: 1994
Spannweite: 2.540 mm (100 inch)
Profil: E195
Bauplan-Bezug: Sarikhobbies.com

Eine detaillierte Darstellung des Volus.

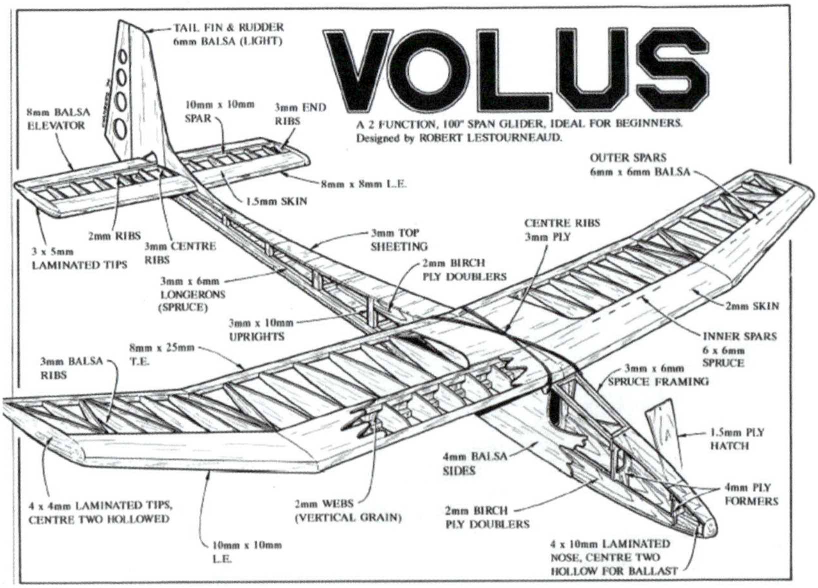

Hochstart des „Volus" beim Antikfliegen in Illertissen, Bayern.

KHD 137 Edith

Konstrukteur:	Karl Heinz Denzin	**Profil:**	Sämann Bussard
Jahr:	1953	**Bauplan-Bezug:**	Paul Hucke Archiv, Verlag Klasing
Spannweite:	1.834 mm.		
Gewicht:	410 g		

Ein Originalfoto des Siegermodells KHD 137 Edith mit seinem Konstrukteur Karl Heinz Denzin. Mit seinem Modell belegte er Platz 1 auf der DMM 1953 und bei der WM 1952 in Graz den 3. Platz.

The Condor

Konstrukteur: P.J. Farr
Jahr: 1942
Spannweite: 1.800 mm (Original)
Gewicht: 1.400 g
Bauplan-Bezug: Outerzone free plans

The Condor auf 2.600 mm Spannweite vergrößert.

A3 (Ringflügel)

Konstrukteur: Heinz Saalfeld
Jahr: 1952
Spannweite: Modell der Klasse A3

Heinz Saalfelds A3 mit einem sehr ausgefallenden Ringflügel. Der Konstrukteur war Flugkapitän bei der Lufthansa. Er ist mit einer Convair bei Bremen leider verunglückt.

Blauvogel II

Konstrukteur:	N. Gilg	**Profil:**	Gö 549
Jahr:	1949	**Bauplan-Bezug:**	Paul Hucke Archiv Frässatz: Schupik Modellbau
Spannweite:	2.000 mm		
Gewicht:	900 g		

Das Modell Blauvogel, vergrößert auf 2.420 mm Spannweite und mit einem Fluggewicht von 1.300 g. Hinweis: Aufgrund der großen Profildicke, wird die Verwendung eines Turbulators empfohlen.

RO 4 – Olympia

Konstrukteur: Friedhelm Rotert
Jahr: 1948
Modifikation: H. Eder, 2020
Spannweite: 3.240 mm (Modell um 10 Prozent vergrößert)
Gewicht: 2.060 g
Profil: Gö533 (10 Prozent Dicke), Gö409 (10 Prozent Dicke)

Bauplan-Bezug: Verlag für Technik und Handwerk neue Medien GmbH, Bestellnummer: 320 1524
Frästeile: Karl Faller, Memmingen, Kontakt: mail@drei-f.de
Kurz-Plan: In „Der Segelflugmodellbau“, A. Gymnich, Jahrgang 1951

Die Startphase der RO4-Olympia.

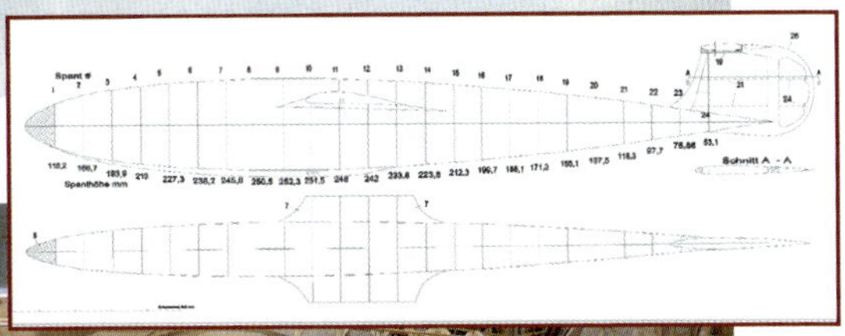

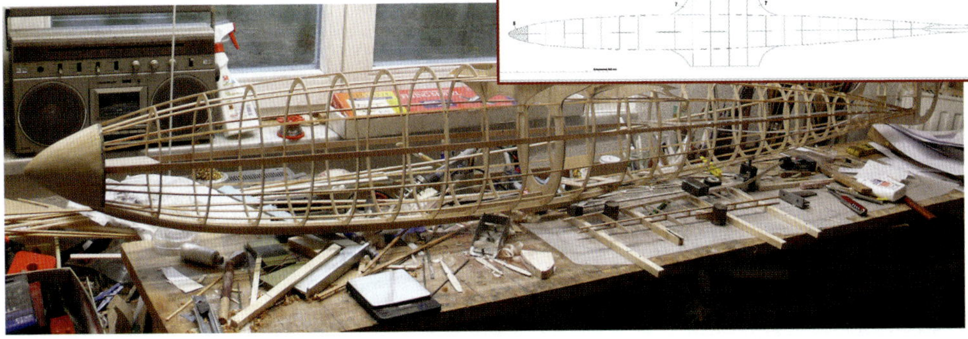

Hier der imposante Rumpf-Rohbau in der Werkstatt

Stiegker

Konstrukteur:	Paul Hucke	**Profil:**	P. Hucke
Jahr:	1942	**Bauplan-Bezug:**	Paul Hucke Archiv
Spannweite:	3.140 mm	**Frässatz:**	www.modellbauservice.com
Gewicht:	ca. 2.000 g		

Der Stiegker beeindruckt durch seinen Mehrfach-Knickflügel.

HAST

Konstrukteur:	Harald Storbeck	**Gewicht:**	800 g
Jahr:	1934	**Profil:**	Gö 500
Neukonstruktion:	Volkmar Tröbs	**Bauplan-Bezug:**	Paul Hucke Archiv
Spannweite:	2.440 mm (Modell nach V. Tröbs)	**Frässatz:**	Aeroplan-Modelle

Der von Volkmar Tröbs modifizierte HAST mit vergrößerten Flügeln und neuem Profil.

Kiebitz

Konstrukteur:	Willy Tauss	**Gewicht:**	400 g
Jahr:	1941	**Bauplan-Bezug:**	Paul Hucke Archiv
Spannweite:	1.000 mm	**Dokumentation:**	Schweiz

Das Schweizer Modell Kiebitz beim Antikfliegen auf der Wasserkuppe.

Pilot 4

Konstrukteur:	A. Degen	**Gewicht:**	ca. 900 g
Jahr:	1940	**Bauplan-Bezug:**	Paul Hucke Archiv
Spannweite:	2.240 mm	**Dokumentation:**	Schweiz

Der Pilot 4 ist eines der schönsten und am meisten gebauten Schweizer Segelflugmodelle.

Adler (Schweiz)

Konstrukteur:	Robert Mathys	**Profil:**	Gö 549
Jahr:	1943	**Bauplan-Bezug:**	Paul Hucke Archiv
Spannweite:	2.200 mm	**Dokumentation:**	Schweiz
Gewicht:	ca. 1.000 g		

Der Schweizer Adler beim Antikfliegen 2019 in der Flugwerft Oberschleißheim, Bayern.

Gro 201 Jaguar

Konstrukteur:	J. Grohmann	**Gewicht:**	ca. 800 g
Jahr:	1947	**Bauplan-Bezug:**	Paul Hucke Archiv, Aeromechanika Budapest
Spannweite:	2.200 mm		

Hier sieht man einen Nachbau des Grohmann Jaguar mit einem gewickeltem Holzrohr als Leitwerksträger.

KANE

Konstrukteur:	Rad. Cisek	**Bauplan-Bezug:**	Paul Hucke Archiv
Jahr:	1948	**Dokumentation:**	Tschechische Republik
Spannweite:	1.900 mm	**Frästeilesatz:**	Czechaero - www.czechaero.cz
Gewicht:	ca. 500 g		

Der Kane ist ein typisches Cisek-Modell mit einer harmonischen Geometrie.

Sokol

Konstrukteur:	Rad. Cisek	**Gewicht:**	ca. 1.600 g
Jahr:	1950	**Bauplan-Bezug:**	Paul Hucke Archiv
Spannweite:	2.700 mm	**Dokumentation:**	Tschechische Republik

Auch hier wieder ein Cisek-Modell mit seinem typischen Design.

Schlauchkurbler

Konstrukteur:	Leopold Tlapak
Jahr:	1950
Spannweite:	1.960 mm
Gewicht:	410 g

Bauplan-Bezug:	Verlag für Technik und Handwerk neue Medien GmbH, Bestellnummer: 320 7011
Frässatz:	Aeroplan-Modelle

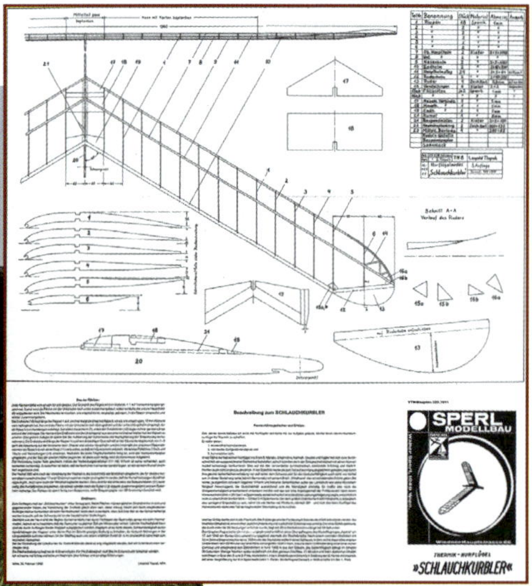

Der RC-Schlauchkurbler beim Antikfliegen in Illertissen, Bayern. Das Modell sticht leistungsmäßig unter den Antik-Nurflügeln hervor.

Jedelsky Storch

Konstrukteur: Erich Jedelsky
Jahr: 1951
Spannweite: 2.045 mm
Gewicht: 900 g

Bauplan-Bezug: Verlag für Technik und Handwerk neue Medien GmbH, Bestellnummer: 324 1527

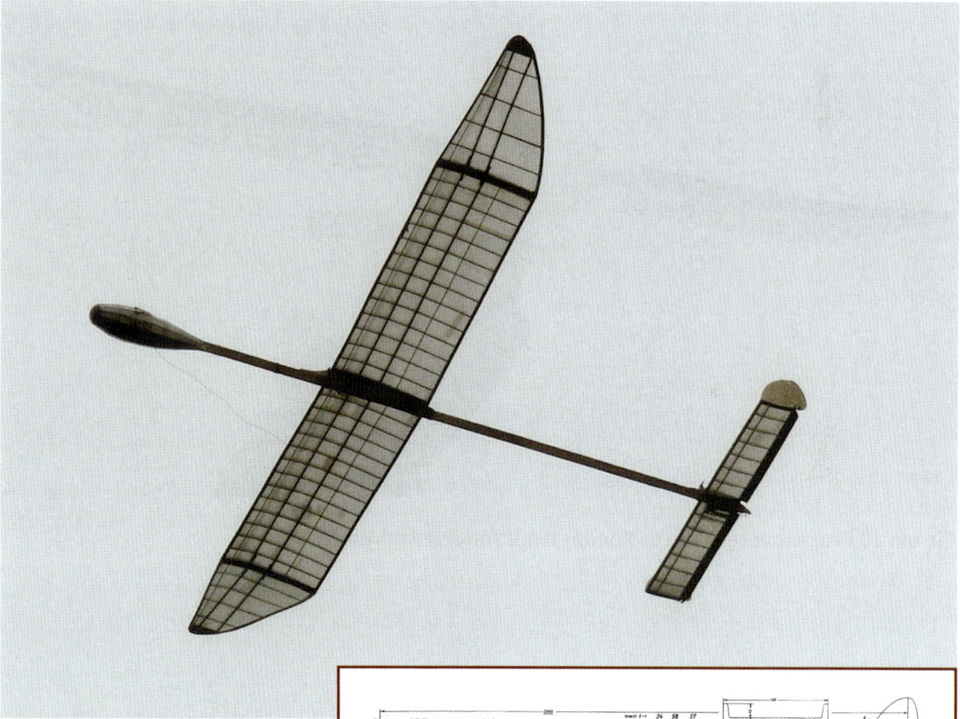

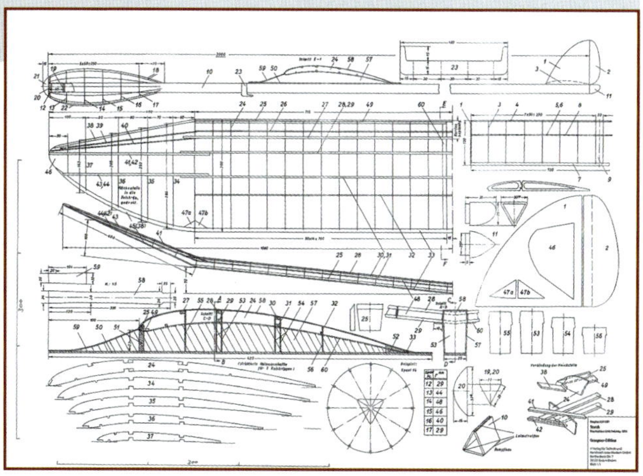

Der Jedelsky Storch gleitet extrem entschleunigt dahin und ist von der Sik.

Kondor II

Konstrukteur:	Jos. Sperl	**Gewicht:**	ca. 1.050 g
Jahr:	1951	**Bauplan-Bezug:**	Paul Hucke Archiv.
Spannweite:	1.960 mm	**Dokumentation:**	Jos. Sperl

Ein um 10 Prozent vergrößerter Kondor II mit reduzierter Außen-V-Form.

Der große Reiher

Konstrukteur:	V. Darmann	**Gewicht:**	ca. 900 g
Jahr:	1940	**Bauplan-Bezug:**	Paul Hucke Archiv
Spannweite:	2.100 mm	**Dokumentation:**	Jos. Sperl

Der große Reiher ist ein beliebter Antiksegler.

Austria Meise II

Konstrukteur:	Rudolf Salzmann	**Profil:**	E214
Jahr:	1995	**Bauplan-Bezug:**	Paul Hucke Archiv
Spannweite:	2.740 mm	**Dokumentation:**	Jos. Sperl
Gewicht:	ca. 1.100 g	**Werkstoffpackung:**	Hepf Modellbau

Die Austria Meise II für den RC-Einbau besitzt stärkere Holme und eine geringere V-Form als das Freiflugmodell.

Condor 1937

Konstrukteur:	K.G. Wanke	**Gewicht:**	ca. 950 g
Jahr:	1937	**Bauplan-Bezug:**	Paul Hucke Archiv
Spannweite:	2.100 mm	**Dokumentation:**	Jos. Sperl

Der Condor 1937 beim Antikfliegen am Rollenberg bei Harburg, Bayern.

Adler

Konstrukteur: Fritz Reiss
Jahr: 1952
Spannweite: 1.970 mm
Gewicht: ca. 900 g

Bauplan-Bezug: Verlag für Technik und Handwerk neue Medien GmbH, Bestellnummer: 320 7001

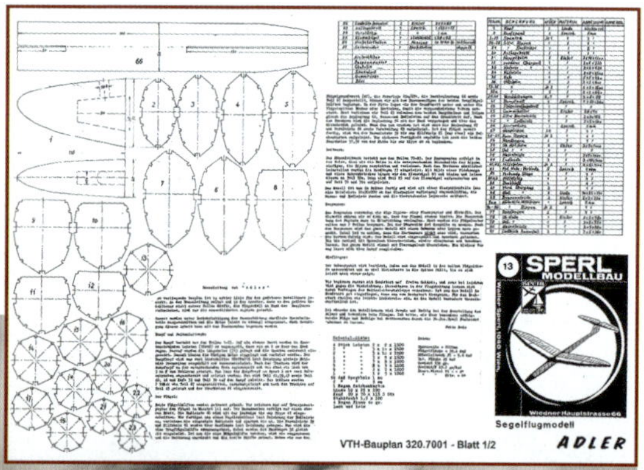

Der österreichische Adler beim Antikfliegen am Rollenberg bei Harburg, Bayern.

URUBU-A3

Konstrukteur:	M. Hacklinger	**Gewicht:**	A3-Version: 880 g
Jahr:	1952	**Profil:**	Hacklinger
A3-Version:	H. Eder, 2015	**Bauplan-Bezug**	
Spannweite:	Original: 1.780 mm A3-Version: 2.710 mm	**(Original):**	Paul Hucke Archiv, Otto Maier Verlag

Hier sieht man ein vergrößertes Retromodell nach dem Vorbild des „Grazer Urubu" (WM-Sieger 1952). Statt des Vorspanndrahtes wurde ein Zackenband-Turbulator eingesetzt.

Zahnstocher

Konstrukteur: Oskar Czepa
Jahr: 1950
Spannweite: 1.705 mm
Gewicht: 410 g

Profil: Czepa
Bauplan-Bezug: Verlag für Technik und Handwerk neue Medien GmbH, Bestellnummer: 3241202

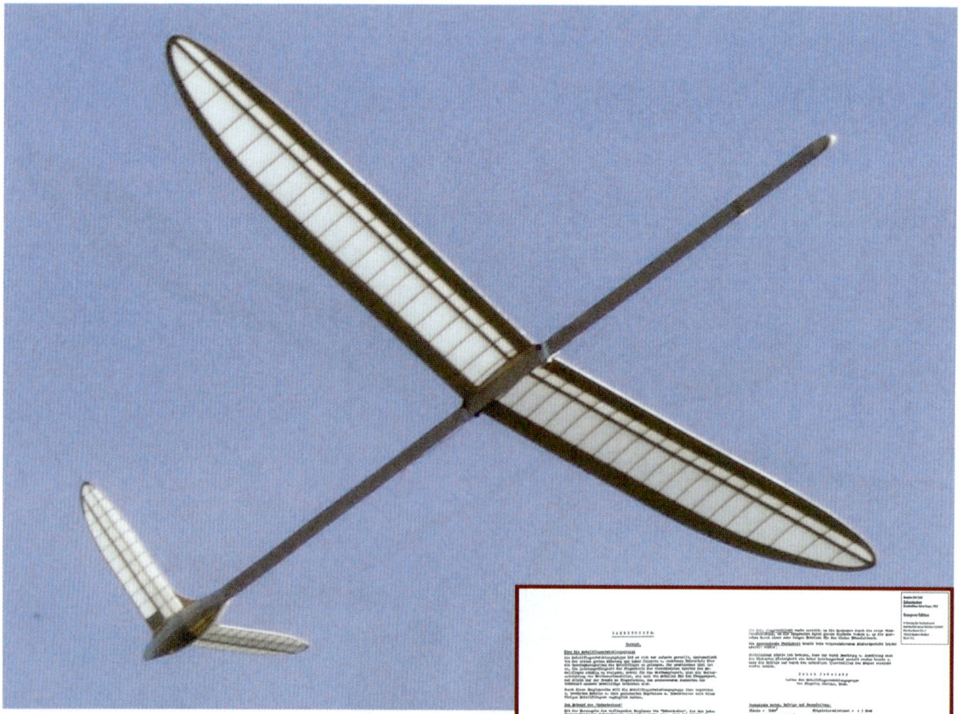

Ein Nachbau des Siegermodells der WM für A2-Modelle im Jahr 1951 in Lesce-Bled, Solwenien.

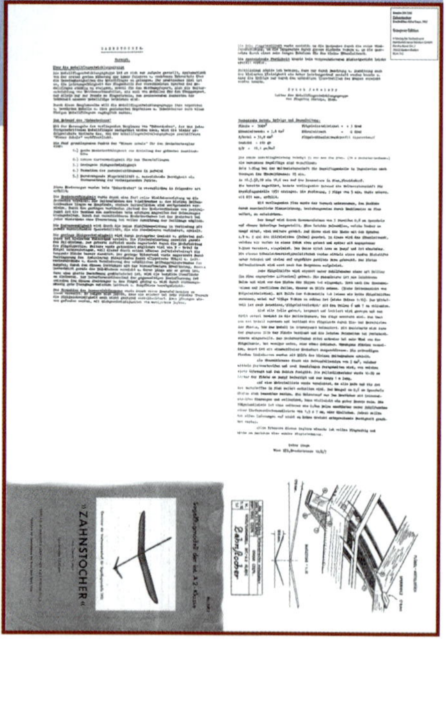

Wolkenbeißer

Konstrukteur:	Gerhard Krabs
Jahr:	1950
Spannweite:	2.200 mm
Gewicht:	ca. 900 g
Profil:	NACA 4412 mod.
Bauplan-Bezug:	Paul Hucke Archiv, Ges. für Sport und Technik (DDR)

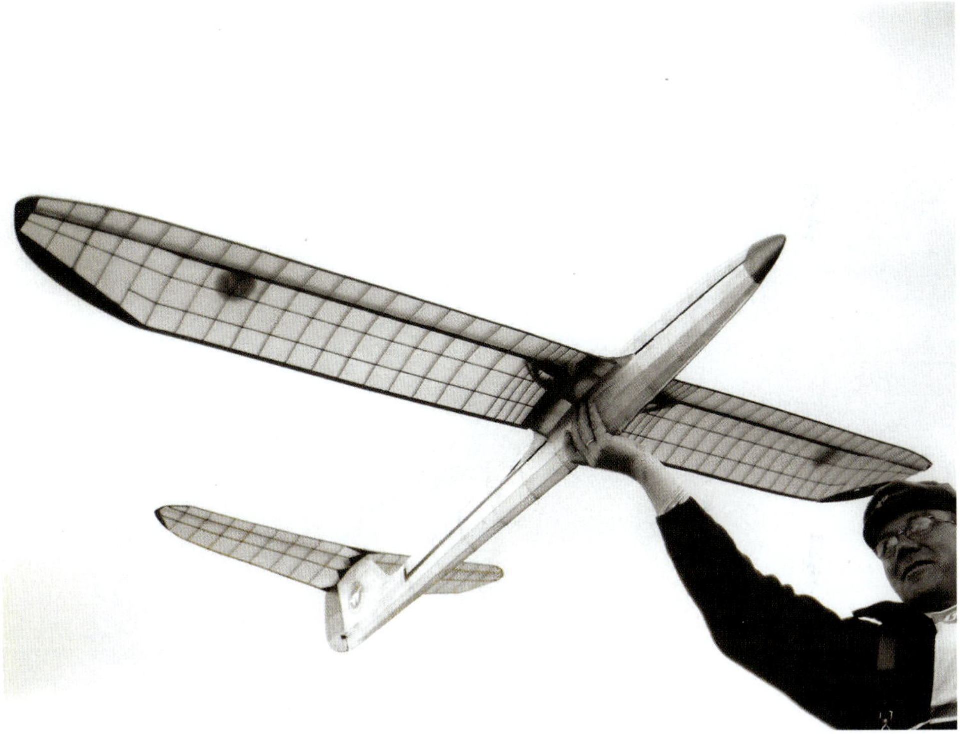

Der Wolkenbeißer beim Antikfliegen in Bad Neustadt an der Saale, Bayern.

Lo 29

Konstrukteur: Lothar Hennike
Jahr: 1953
Spannweite: 1.800 mm
Gewicht: 500 g
Bauplan-Bezug: Paul Hucke Archiv, F. Krick Verlag

Die Lo 29 beim Wettbewerb für antike Freiflugmodelle in Leutershausen, Bayern.

Aurikel

Konstrukteur: Hans Hansen
Jahr: 1952
Spannweite: 1.650 mm
Gewicht: 410 g
Profil: Hansen
Bauplan-Bezug: Verlag für Technik und Handwerk neue Medien GmbH.

Nachbau des Siegermodells der A2-WM 1953 in Lesce Bled, Slowenien.

Fafnir

Konstrukteur: Hans Ostertag
Jahr: 1967/1970
Spannweite: 2.840 mm
Gewicht: ca. 2.000 g

Bauplan-Bezug: Verlag für Technik und Handwerk neue Medien GmbH, Bestellnummer: 320 0555

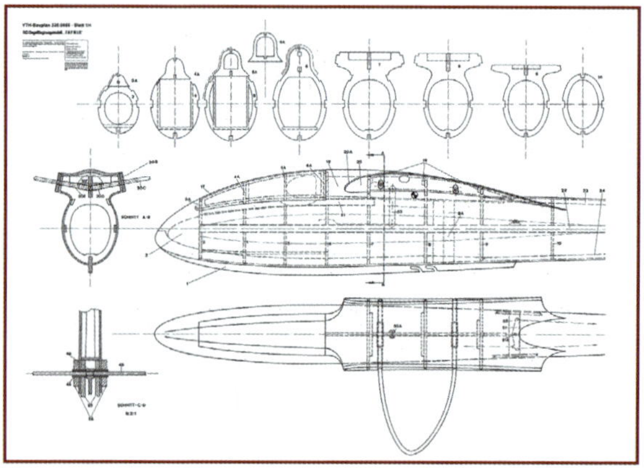

Ein Nachbau des Classic-Modells Fafnir beim Antik-Wettbewerb in Bad Neustadt an der Saale, Bayern.

R 25-Condor II

Konstrukteur: Alfred Richter
Jahr: 1948
Spannweite: 2.800 mm
Gewicht: 1.600 g
Bauplan-Bezug: Paul Hucke Archiv

Ein Nachbau des R25 Condor II (Modell des Autors).

Passat 54 / Passat 57

Konstrukteur: F. Finus
Jahr: 1954/1957
Spannweite: 1.900 mm
Gewicht: 410 g

Bauplan-Bezug: Verlag für Technik und Handwerk neue Medien GmbH, Bestellnummer: 324 1704

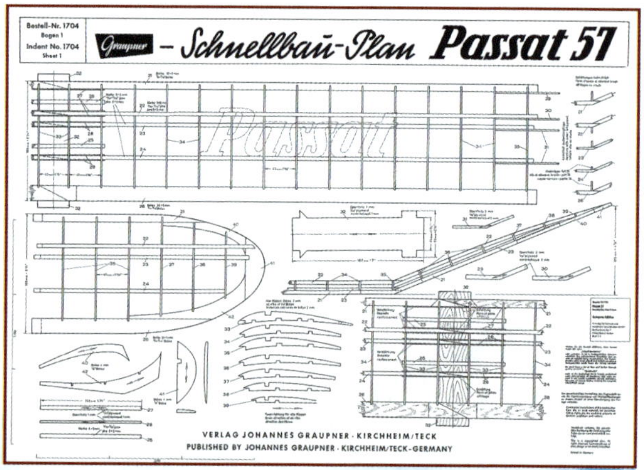

Ein Nachbau der Passat 57 beim Antikfliegen in Illertissen, Bayern.

Mu-118 Munufunkulus

Konstrukteur:	W. Muschner	**Gewicht:**	ca. 980 g
Jahr:	1955	**Bauplan-Bezug:**	Paul Hucke Archiv, W. Muschner, Herford
Spannweite:	2.250 mm		

Der Nachbau der Mu-118 hat genug Platz für die RC-Ausrüstung.

Sturmvogel

Konstrukteur: Karl Heinz Denzin
Jahr: 1952
Spannweite: 1.568 mm
Gewicht: ca. 500 g

Bauplan-Bezug: Paul Hucke Archiv, Carl Lange Verlag
Frässatz: Schupik Modellbau

RC-Nachbau des Denzin Sturmvogel beim Fliegen auf der Münchner Panzerwiese.

Weihe 50

Konstrukteur: Unbekannt
Jahr: 1962
Spannweite: 1.800 mm
Gewicht: 900 g

Bauplan-Bezug: Verlag für Technik und Handwerk neue Medien GmbH, Bestellnummer: 324 4252

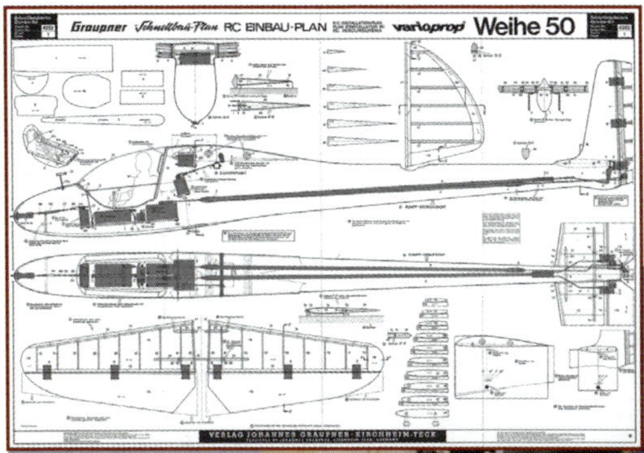

Das Classic-Modell Weihe 50 beim Horst Winkler Gedächtnisfliegen auf der Wasserkuppe, Hessen.

Spinne 54

Konstrukteur: Rudolf Lindner
Jahr: 1954
Spannweite: 1.925 mm
Gewicht: 410 g
Profil: Lindner

Bauplan-Bezug: Verlag für Technik und Handwerk neue Medien GmbH, Bestellnummer: 324 1674

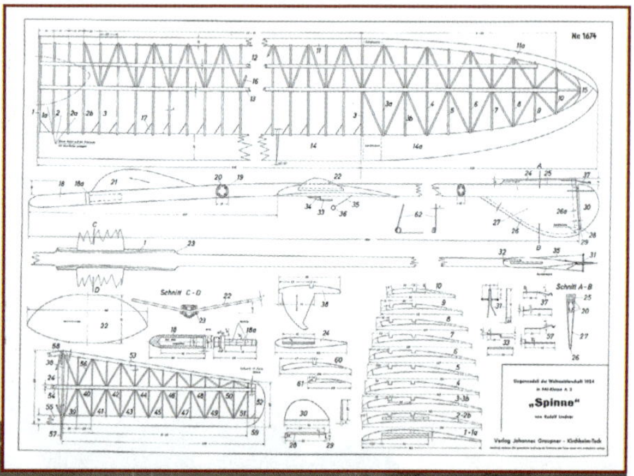

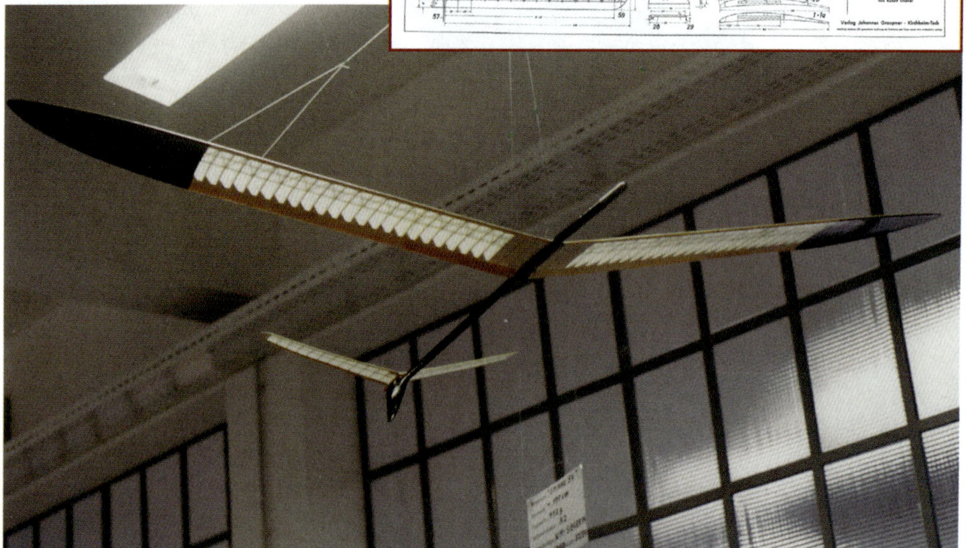

Das Original-Siegermodell der WM 1954 hängt im Deutschen Museum, München (Foto: Autor).

Wölkchen

Konstrukteur: Oskar Czepa
Jahr: 1950
Spannweite: 1.840 mm
Gewicht: ca. 850 g

Bauplan-Bezug: Verlag für Technik und Handwerk neue Medien GmbH, Bestellnummer: 324 1547

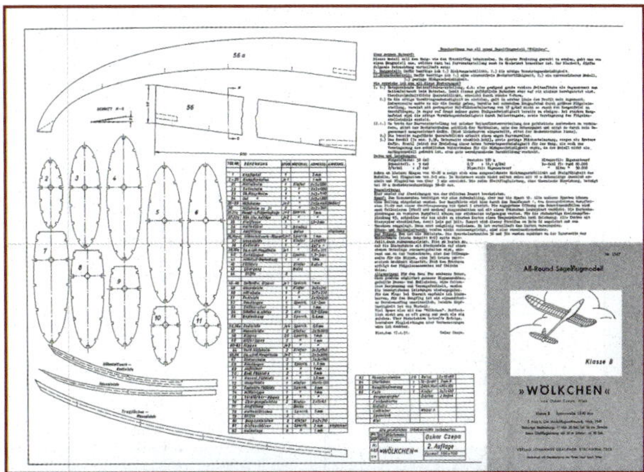

Ein RC-Nachbau des Modells Wölkchen beim Antikfliegen in Illertissen, Bayern.

Jupiter V

Konstrukteur: Arthur Oswald
Jahr: 1950
Spannweite: 1.980 mm
Gewicht: 800 g

Bauplan-Bezug: Verlag für Technik und Handwerk neue Medien GmbH, Bestellnummer: 324 1180

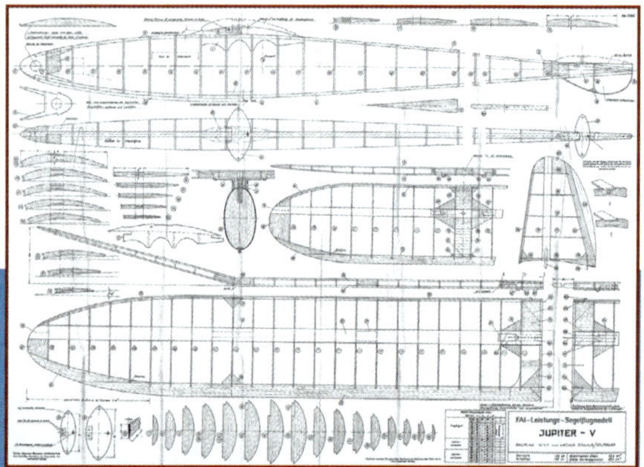

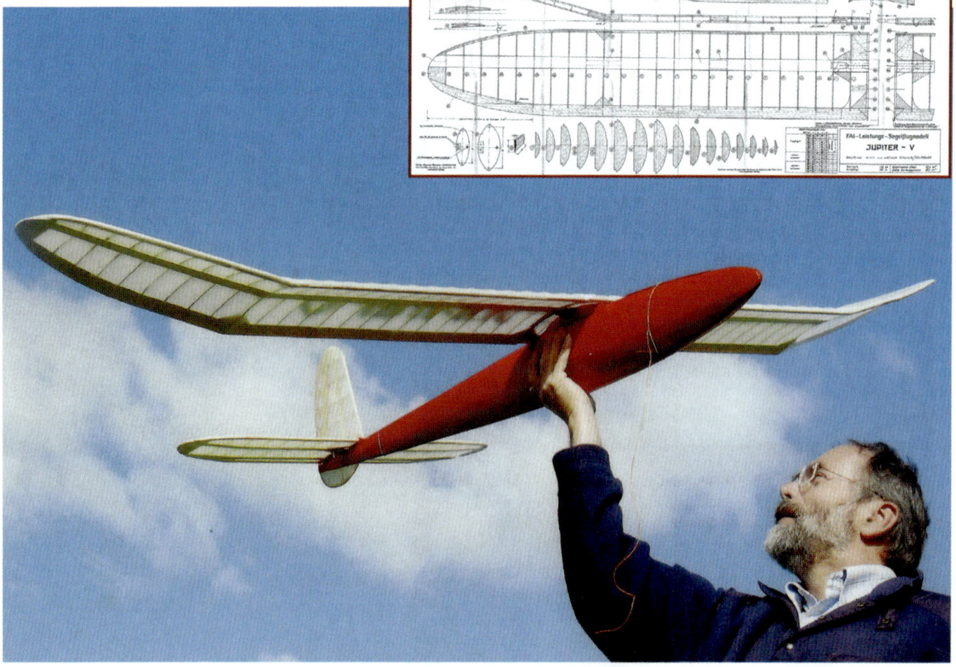

Ein RC-Nachbau des Jupiter V beim Antikfliegen in Illertissen, Bayern.

Recorder

Konstrukteur: Janez Zoran
Jahr: 1954
Spannweite: 1.900 mm

Gewicht: 410 g
Bauplan-Bezug: Paul Hucke Archiv, Verlag Joh. Graupner.

Ein RC-Nachbau des A2-Freiflugmodells Recorder beim Antikfliegen in Altstetten, Bayern.

Schwalbe

Konstrukteur: Klaus Dieter Horn
Jahr: 1952
Spannweite: 1.554 mm
Gewicht: 410 g

Bauplan-Bezug: Verlag für Technik und Handwerk neue Medien GmbH, Bestellnummer: 324 1159

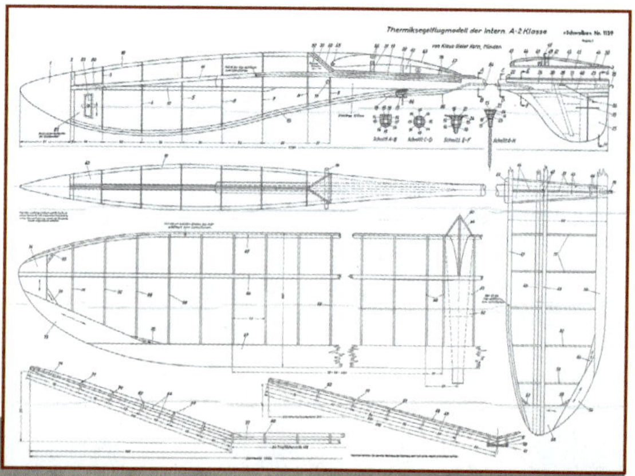

Ein Teilnehmer mit seiner Schwalbe beim Antik-Freiflugwettbewerb in Leutershausen, Bayern.

Star III

Konstrukteur: Hans F. Finus
Jahr: 1951
Spannweite: 1.850 mm
Gewicht: 430 g

Bauplan-Bezug: Verlag für Technik und Handwerk neue Medien GmbH, Bestellnummer: 324 1216

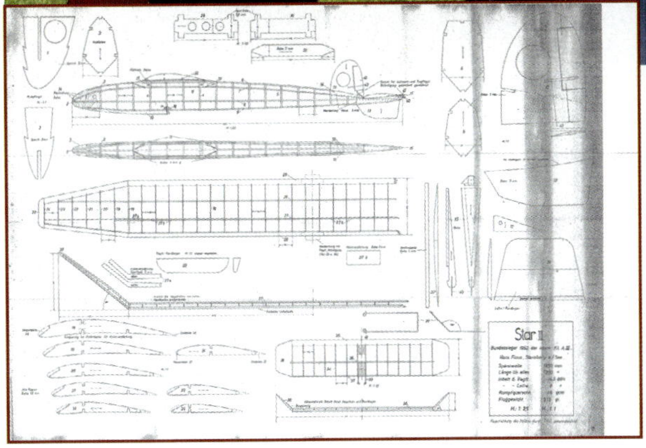

A3-Modell Star III beim Hans Finus Gedächtnisfliegen in Illertissen, Bayern.

Wolkenbummler

Konstrukteur: Heinz Tonn
Jahr: 1953
Spannweite: 1.790 mm
Gewicht: 410 g
Bauplan-Bezug: Paul Hucke Archiv

Der Wolkenbummler – ein Highlight beim Antik-Stammtisch in Türkenfeld, Bayern.

ETB 37

Konstrukteur: Erwin Tümmler
Jahr: 1952
Spannweite: 1.590 mm
Gewicht: 540 g
Profil: Grant SS8

Bauplan-Bezug: Verlag für Technik und Handwerk neue Medien GmbH, Bestellnummer: 324 1163

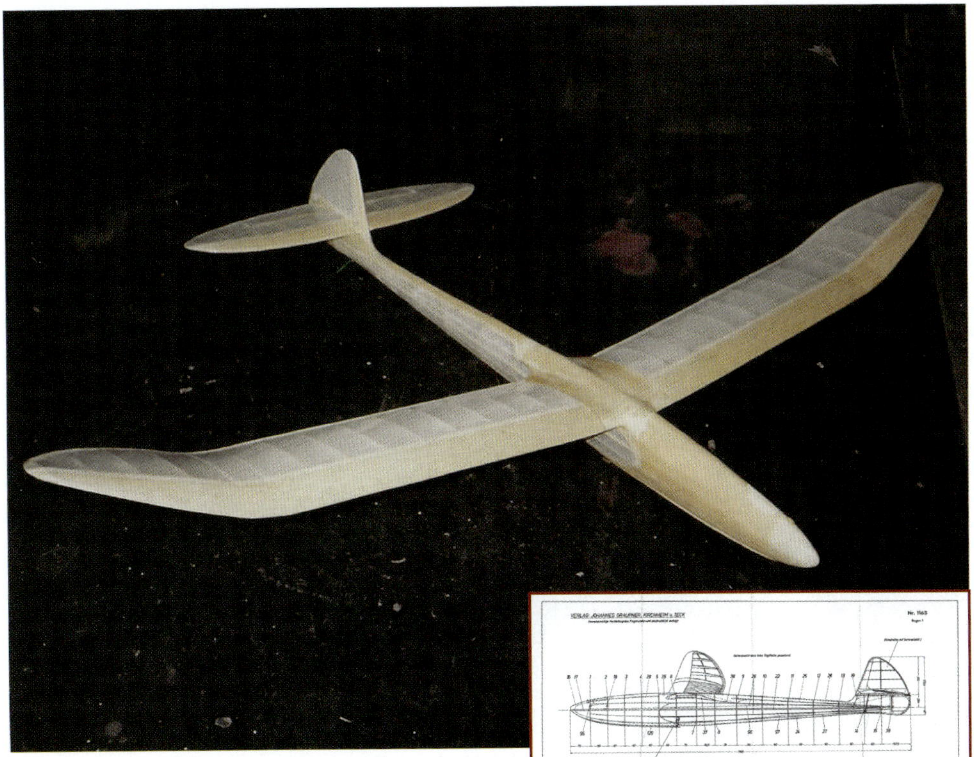

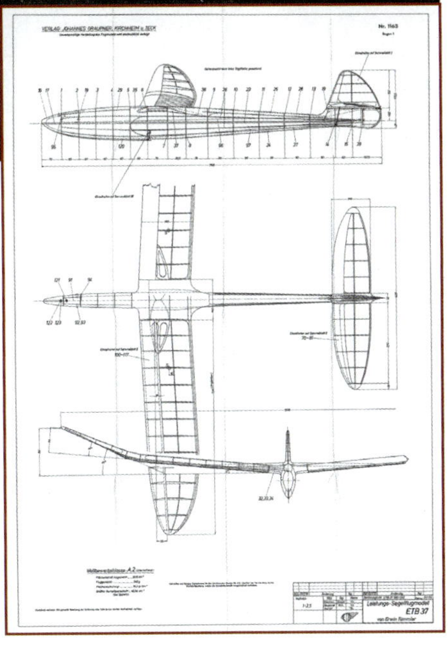

Die ETB 37 – eines der formschönsten Antik-Segelflugmodelle!

ETB 35

Konstrukteur:	Erwin Tümmler	**Profil:**	RAF 32/NACA 23012
Jahr:	1949	**Bauplan-Bezug:**	Paul Hucke Archiv, Verlag Joh. Graupner
Spannweite:	1.805 mm		
Gewicht:	600 g		

Der ETB 35 beim Antikfliegen am Rollenberg bei Harburg, Bayern.

Monsun

Konstrukteur: Hans F. Finus
Jahr: 1952
Spannweite: 1.672 mm
Gewicht: 410 g

Bauplan-Bezug: Verlag für Technik und Handwerk neue Medien GmbH, Bestellnummer: 324 1255

Der RC-Monsun beim Antikfliegen nahe Bad Wurzach, Baden-Württemberg.

Graubele 3

Konstrukteur:	Johannes Graupner	**Gewicht:**	ca. 900 g
Jahr:	1937	**Bauplan-Bezug:**	Paul Hucke Archiv, Verlag Joh. Graupner
Spannweite:	2.080 mm		

Das Graubele 3 beim Flug auf der Hahnweide, Baden-Württemberg.

Strolch

Konstrukteur: Helmut Kirschke
Jahr: 1937
Spannweite: 1.840 mm
Gewicht: 800 g

Bauplan-Bezug: Verlag für Technik und Handwerk neue Medien GmbH, Bestellnummer: 321 1705
Frässatz: Aeroplan-Modelle

Das charakteristische Flugbild des beliebten Modells Strolch.

Kirschke Baby

Konstrukteur: Helmut Kirschke
Jahr: 1934
Spannweite: 1.200 mm
Gewicht: 300 g

Bauplan-Bezug: Verlag für Technik und Handwerk neue Medien GmbH, Bestellnummer: 321 0373
Frässatz: Aeroplan-Modelle

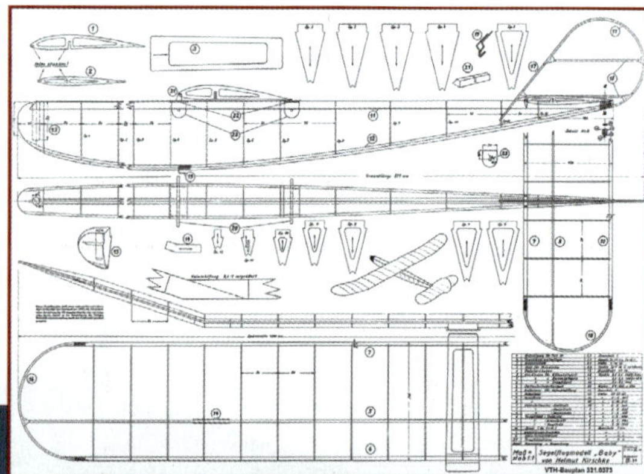

Das Kirschke Baby war wohl eines der beliebtesten Modelle in den 1930er-Jahren.

Milan 3

Konstrukteur:	P. Polascheck und Anton Schwarz	**Gewicht:**	ca. 650 g
Jahr:	1954	**Bauplan-Bezug:**	Paul Hucke Archiv Otto Maier Verlag
Spannweite:	2.075 mm		

Der Milan 3 ist ein ehemaliges A3-Freiflugmodell mit herausragender Optik.

Seraph

Konstrukteur:	D.C. Butler und H.A. Pfeil	**Profil:**	NACA 6409
Jahr:	1954	**Bauplan-Bezug:**	Paul Hucke Archiv
Spannweite:	1.586 mm		Otto Maier Verlag
Gewicht:	410 g		

Ein Nachbau des Seraph mit elliptischen Ohren. Der Seraph war 1954 Teilnehmer bei der A2 WM in Mainz-Finthen und erflog den 2. Platz.

Grazer URUBU

Konstrukteur: Max Hacklinger
Jahr: 1952
Spannweite: Bauplan – O. Maier Verlag: 1.718 mm
Kurzplan Grazer Urubu mit 2.000 mm vom Autor erhältlich
Gewicht: 410 g

Profil: Hacklinger
Bauplan-Bezug: Paul Hucke Archiv
Otto Maier Verlag

Der Grazer Urubu hat gegenüber dem Bauplan des Otto Maier Verlages einen höher gestreckten Flügel.

Hier ein Nachbau des „Grazer URUBU" (dieses Modell erreichte bei der WM 1952 den 2. Platz) mit vorgespanntem Turbulenzdraht.

Milan (Nurflügel)

Konstrukteur:	Helmut Kermess	**Gewicht:**	550 g
Jahr:	1941	**Bauplan-Bezug:**	Paul Hucke Archiv
Spannweite:	1.750 mm		Otto Maier Verlag

Der MILAN beim Horst Winkler Gedächtnisfliegen auf der Wasserkuppe, Hessen.

Ikarus

Konstrukteur:	Leopold Scheuer
Jahr:	1937
Spannweite:	1.500 mm
Gewicht:	500 g

Bauplan-Bezug:	Verlag für Technik und Handwerk neue Medien GmbH, Bestellnummer: 321 1704
Frässatz:	Aeroplan-Modelle

Hier ein restauriertes Originalmodell Ikarus.

Windspiel

Konstrukteur:	Helmut Antusch	**Gewicht:**	400 g
Jahr:	1939	**Bauplan-Bezug:**	Paul Hucke Archiv
Spannweite:	1.120 mm		Otto Maier Verlag

Das um 10 Prozent vergrößerte Modell Windspiel beim Flug auf der Wasserkuppe, Hessen.

G-41

Konstrukteur: E. Glünkin
Jahr: 1941
Spannweite: 3.500 mm

Gewicht: ca. 2.200 g
Bauplan-Bezug: Paul Hucke Archiv, Aeroclub der Schweiz

Die riesige G41 beim alljährlichen Antikmodellfliegen nahe Bern, Schweiz.

A.M. 9

Konstrukteur: Artur Mantel
Jahr: 1936
Spannweite: 2.120 mm
Gewicht: 550 g

Bauplan-Bezug: Paul Hucke Archiv, Otto Maier Verlag
Frässatz: Aeroplan-Modelle

Hier ein restauriertes Originalmodell der A.M. 9.

ERWA 8

Konstrukteur: Ernst Warmbier
Jahr: 1937
Spannweite: 1.998 mm
Gewicht: ca. 500 g
Bauplan-Bezug: Paul Hucke Archiv, Otto Maier Verlag

Eine ERWA 8 (Version 1937) beim Hochstart mit einer Fahrradwinde in Illertissen, Bayern.

K.H.D. 140 Sirius

Konstrukteur: Karl Heinz Denzin
Jahr: 1953
Spannweite: 1.200 mm
Gewicht: 250 g

Bauplan-Bezug: Paul Hucke Archiv, Schreibers Flugmodell-Baupläne

Der Sirius von seiner schönsten Seite – ein gut fliegendes Modell der Klasse A1.

Mitteldecker

Konstrukteur: Hans Wiegandt
Jahr: 1942
Spannweite: 2.280 mm
Gewicht: ca. 1.200 g
Bauplan-Bezug: Paul Hucke Archiv, Volckmanns Baupläne

Der Wiegandt „Mitteldecker" ist wohl eines der stilistisch schönsten Antik-Segelflugmodelle.

Möwe (Doppelrumpf)

Konstrukteur: Heinz Saalfeld
Jahr: 1938
Spannweite: 2.580 mm
Gewicht: ca. 1.500 g
Bauplan-Bezug: Paul Hucke Archiv, Volckmanns Baupläne

Flug der Doppelrumpf-Möwe auf der Wasserkuppe in Hessen.

Hans Huckebein

Konstrukteur: Hans Adenaw
Jahr: 1938
Spannweite: 1.600 mm

Gewicht: ca. 900 g
Bauplan-Bezug: Paul Hucke Archiv, Volckmanns Baupläne

Nachbau des markanten Entenflugmodells.

Der große Winkler 1930

Konstrukteur: Horst Winkler
Jahr: 1930
Spannweite: 1.696 mm
Gewicht: ca. 700 g

Bauplan-Bezug: Verlag für Technik und Handwerk neue Medien GmbH, Bestellnummer: 321 0348

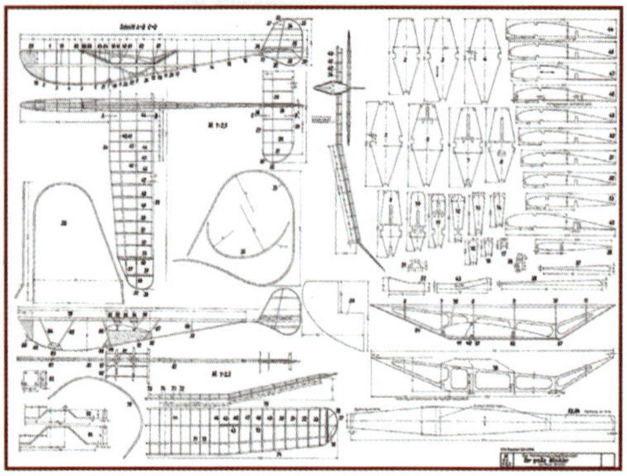

Hier sieht man einen Nachbau des legendären Winkler mit Flachrumpf. Das Modell gewann den Reichswettbewerb im Jahr 1930 auf der Wasserkuppe (Hessen) mit einem Streckenflug von 2.750 Meter. 1936 wurde der Winkler modifiziert und erhielt einen Rumpf mit einem größeren Querschnitt.

HAW X Kondor II

Konstrukteur: Ernst Schalk
Jahr: 1937
Spannweite: 3.020 mm
Gewicht: ca. 2.000 g
Bauplan-Bezug: Paul Hucke Archiv, Volckmanns Baupläne

Die HAW X Kondor II beim Antikfliegen in der Flugwerft Schleißheim, Bayern.

Ursinus

Konstrukteur: Heino Gengelbach
Jahr: 1941
Spannweite: 1.790 mm
Gewicht: ca. 600 g

Bauplan-Bezug: Paul Hucke Archiv, NSFK Modellbaupläne
Frässatz: Aeroplan-Modelle

Nachbau des nach dem Rhönvater benannten Modells Ursinus.

Jaguar

Konstrukteur:	Fritz Eggert	**Bauplan-Bezug:**	Paul Hucke Archiv, Schäfers Baupläne
Jahr:	1944	**Frässatz:**	Aeroplan-Modelle
Spannweite:	2.300 mm		
Gewicht:	ca. 1.100 g		

Die mächtige Rumpfkeule prägt das Flugbild des Jaguars.

Wolkensegler

Konstrukteur:	German Buck	**Gewicht:**	ca. 600 g
Jahr:	1943	**Bauplan-Bezug:**	Paul Hucke Archiv, Schäfers Bauplanreihe
Spannweite:	1.570 mm		

Der formschöne Wolkensegler beim Horst Winkler Gedächtnisfliegen auf der Wasserkuppe, Hessen.

Minimoa

Konstrukteur: Erich Linke
Jahr: 1939
Spannweite: 1.900 mm
Gewicht: ca. 900 g
Bauplan-Bezug: Paul Hucke Archiv, Schäfers Bauplanreihe

Das Classic-Modell Minimoa beim Flug auf der Wasserkuppe, Hessen.

Greif

Konstrukteur:	Rudolf Elger	**Gewicht:**	1.370 g
Jahr:	1938	**Bauplan-Bezug:**	Paul Hucke Archiv, Schäfers Bauplanreihe
Spannweite:	1.850 mm, vergrößerte Version: 2.220 mm		

Der um 20 Prozent vergrößerte Greif am Rollenberg bei Harburg, Bayern.

Sperber We 371

Konstrukteur:	Helmut Welcher	**Bauplanbezug:**	Paul Hucke Archiv, Schäfers Bauplanreihe
Jahr:	1937	**Werkstoffpackung:**	Hepf Modellbau
Spannweite:	1.950 mm		
Gewicht:	950 g		

Ein Nachbau des Sperber We 371 mit vorbildlichem Antik-Design.

Der große Winkler 1936

Konstrukteur:	Horst Winkler	**Bauplan-Bezug:**	Verlag für Technik und Handwerk neue Medien GmbH, Bestellnummer: 321 0348
Jahr:	1936	**Frässatz:**	Aeroplan-Modelle
Spannweite:	1.696 mm		
Gewicht:	ca. 700 g		

Der große Winkler aus dem Jahr 1936 besitzt, gegenüber dem großen Winkler von 1930 einen Rumpf mit größerem Querschnitt. Diese Veränderung wurde durch eine Regeländerung erforderlich.

Amigo II

Jahr: 1966
Spannweite: 2.000 mm
Gewicht: ca. 600 g

Bauplan-Bezug: Verlag für Technik und Handwerk neue Medien GmbH, Bestellnummer: 324 4219

Der Evergreen Amigo II beim Antikfliegen in der Flugwerft Schleißheim, Bayern.

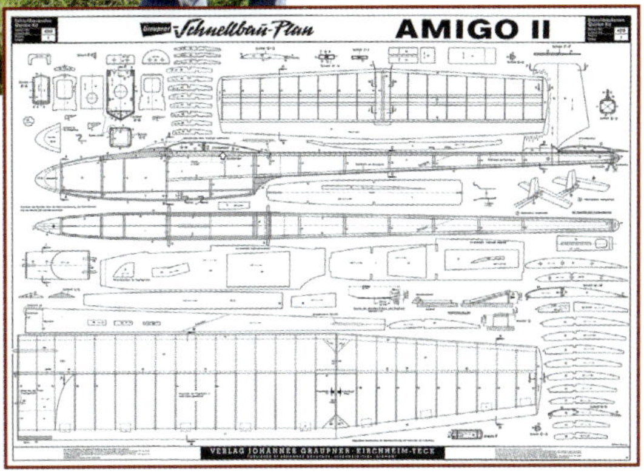

Jelmoli 3:

Konstrukteur: J. Meier
Jahr: 1943
Spannweite: 1.800 mm

Gewicht: ca. 800 g
Bauplan-Bezug: Paul Hucke Archiv, Aeroclub Schweiz

Eine vergrößerte Version des Jelmoli 2 mit 3.200 mm Spannweite und einem Gewicht von 2.200 Gramm.

RamphorMax

Konstrukteur: Heinrich Eder
Jahr: 2016
Spannweite: 2.460 mm
Gewicht: 1.200 g
Profil: Ramphor 1992 (H. Eder)

Bauplan-Bezug: Verlag für Technik und Handwerk neue Medien GmbH, Bestellnummer: 320 1477
Frässatz: Verlag für Technik und Handwerk neue Medien GmbH, Bestellnummer: 621 1687

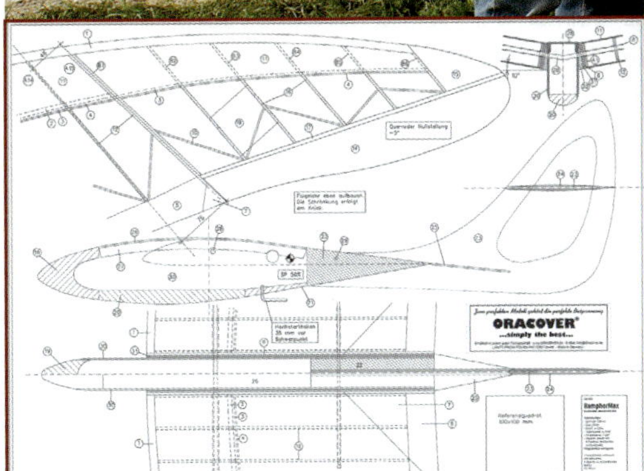

Das Retromodell RamphorMax mit ansprechender Natur-Sichelform.

Kurwi 68

Konstrukteur: Curt Wilhelm
Jahr: 1968
Spannweite: 2.940/3.540 mm

Gewicht: 1.200 g
Profil: Gö 301
Bauplan-Bezug: Plan beim Autor

Der Kurwi 68 bei einer Sonderausstellung in der Flugwerft Schleißheim, Bayern. Vom Kurwi 68 und dem kleineren Modell Kurwi 33, wurden damals 200 Bausätze auch in die USA ausgeliefert.

Leipziger Flügel

Konstrukteur: Otto Klank
Jahr: 1938
Spannweite: 1.950 mm
Gewicht: ca. 900 g
Bauplan-Bezug: Paul Hucke Archiv, Schäfers Bauplanreihe

Der Leipziger Entenflügel beim Start am Rollenberg bei Harburg, Bayern.

KRIA

Konstrukteur:	Rudolf Lindner	**Gewicht:**	410 g
Jahr:	1955	**Profil:**	Lindler
Spannweite:	2.200 mm	**Bauplan-Bezug:**	Paul Hucke Archiv

WM-Sieger 1954 und 1955 Rudolf Lindner mit seiner KRIA. Das Modell besitzt einen vorgespannten Turbulenzfaden mit 1 mm Durchmesser. Aus 50 Meter Höhe beträgt die Flugzeit 200 Sekunden.

Super Sinbad 93

Konstrukteur:	Bill Effinger
Jahr:	1943
Spannweite:	2.362 mm (Sinbad 93)
Gewicht:	1.200 g
Bauplan-Bezug:	Verlag für Technik und Handwerk neue Medien GmbH, Bestellnummer: 321 6653
Bausatz:	www.hangaronekits.com

Das Classic-Modell Super Sindbad besitzt eine zweckmäßige, übersichtliche Struktur und ein herrliches Flugbild. Die Folienbespannung widerspricht jedoch hier dem klassischen Erscheinungsbild.

Komar IS-B

Konstrukteur:	Polnisches Segelflugzeug	**Gewicht:**	6.000 g
Jahr:	1936	**Bauplan-Bezug:**	Foto und Bausatz von www.oldgliders.com
Spannweite:	4.000 mm		

Das tschechische Classic-Modell Komar IS-B ist als Bausatz erhältlich.

La Libellule

Konstrukteur: J.L. Bluzat
Jahr: 1946
Spannweite: 1.300 mm

Gewicht: 250 g
Bauplan-Bezug: Paul Hucke Archiv, outerzone free plans

Das Modell La Libellule beim Antikfliegen 2020 in Schleißheim, Bayern. Hier: Ausgerüstet mit einem kleinen Elektroantrieb.

Skalla A2-VB

Konstrukteur: Gerald Skalla
Jahr: 1954
Spannweite: 2.600 mm (vergrößerte Version von H. Eder)

Gewicht: 620 g
Bauplan-Bezug: Paul Hucke Archiv

Das Modell Skalla A2-VB zeigt ein beeindruckend exotisches Flugbild. Der Konstrukteur Gerald Skalla war WM-Teilnehmer in der Klasse A2 und beruflich Professor für Industriedesign.

Goldhahn

Konstrukteur:	Erwin Goldhahn	**Bauplan-Bezug:**	Paul Hucke Archiv, NSFK Modellbaupläne
Jahr:	1942		
Spannweite:	2.310 mm	**Frässatz:**	Aeroplan-Modelle
Gewicht:	2.500 g		

Der beliebte und bereits hundertfach gebaute Goldhahn mit Original-Benzinmotor.

K 3

Konstrukteur:	P. Armes und W. Kratzsch	**Bauplan-Bezug:**	Paul Hucke Archiv, Verlag Walter Kratzsch Motoren
Jahr:	1939		
Spannweite:	1.400 mm		
Gewicht:	Unbekannt	**Frässatz:**	Aeroplan Modelle

Das Modell K3 mit Original-Benzinmotor.

Pou du Ciel

Konstrukteur:	Randy Wrisle	**Gewicht:**	ca. 2.500 g
Jahr:	1981	**Bauplan-Bezug:**	Paul Hucke Archiv, outerzone free plans
Spannweite:	1.676 mm (66 inch)		

Das Classicmodell Pou du Ciel mit dem Motor OS FS 30 s 5 ccm, beim Antikfliegen in Schleißheim, Bayern.

Etrich-Rumpler Taube

Konstrukteur: Rudy Hergenrother
Jahr: 1994
Spannweite: 155 cm (61 inch)

Bauplan-Bezug: Paul Hucke Archiv, Outerzone Free Plans, RCM Plans

Die Etrich-Rumpler Taube mit perfekt gestalteter Motorhaube beim Antikfliegen in der Flugwerft Schleißheim, Bayern.

Miss America

Konstrukteur: Franc Zaic
Jahr: 1936
Spannweite: 2.133 mm (84 inch)
Bauplan-Bezug: Paul Hucke Archiv, Outerzone free plans

Bausatz: hangaronekits.com, LDS Laser design services, Czechaero – www.czechaero.cz

Die Miss America war in den USA in den 1930er-Jahren ein sehr populäres Motormodell.

Le Veau Lent

Konstrukteur: Rene Jossien
Jahr: 1949
Spannweite: 1.574 mm (62 inch)
Gewicht: ca. 450 g
Bauplan-Bezug: Outerzone free plans

Das Modell Le Veau Lent beim Antikfliegen 2019 in der Flugwerft Schleißheim, Bayern.

Riedstern

Konstrukteur:	Alwin Kuhn	**Bauplan-Bezug:**	Paul Hucke Archiv, Schweizer Aerorevue 1941
Jahr:	1941		
Spannweite:	1.415 mm		
Gewicht:	1.600 g		

Dieses Foto zeigt einen vorbildlichen Schweizer Riedstern mit Dyno Diesel.

Scorpion

Konstrukteur: A.E. Hatfull
Jahr: 1946
Spannweite: 1.117 mm (44 inch)
Gewicht: ca. 1.200 g

Bauplan-Bezug: Paul Hucke Archiv, Outerzone free plans
Bausatz: Czechaero – www.czechaero.cz

Der Scorpion beim Antik-Modellfliegen in Bad Neustadt an der Saale, Bayern.

Der Rohbau eines Scorpions.

Super Buccaneer

Konstrukteur: Bill Effinger
Jahr: 1937
Spannweite: 2.286 mm (90 inch)

Bauplan-Bezug: Verlag für Handwerk und Technik neue Medien GmbH, Bestellnummer: 321 6647

Der Buccaneer beim Antikflugtag in Schleißheim, Bayern.

Borzoni

Konstrukteur:	Willy Tauss	**Gewicht:**	1.300 g
Jahr:	1942	**Bauplan-Bezug:**	walter_wolf@bluewin.ch.
Spannweite:	1.600 mm		

Die Borzoni – eines der schönsten Oldtimer Motormodelle beim Antikfliegen nahe Bern, Schweiz.

K8

Konstrukteur: Walter Kratzsch
Jahr: 1950
Spannweite: 880 mm

Bauplan-Bezug: Paul Hucke Archiv, Verlag Walter Kratzsch Motoren.

Eine schlicht wirkende K8 mit einem Kratzsch Diesel Replica Motor.

Valkyrie

Konstrukteur:	Carl Goldberg	**Gewicht:**	ca. 2.500 g
Jahr:	1935	**Bauplan-Bezug:**	Paul Hucke Archiv
Spannweite:	3.000 mm	**Dokumentation:**	USA

Die Valkyrie beim Antikfliegen in der Flugwerft Schleißheim, Bayern.

Ein Rohmodell der imposanten Valkyrie.

HS 100

Konstrukteur: H.F.A. Schelhasse
Spannweite: 1.600 mm
Gewicht: ca. 1.500 g

Bauplan-Bezug: Paul Hucke Archiv, Verlag Walter Kratzsch Motoren
Frässatz: Aeroplan Modelle

Die HS 100 mit Original Aluminium-Motorhaube beim Antik-Modellfliegen in der Flugwerft Schleißheim, Bayern.

Playboy SENIOR

Konstrukteur: Paul F. Deson
Jahr: 1946
Spannweite: 2.000 mm
Bauplan- Bezug: Verlag für Technik und Handwerk neue Medien, Bestellnummer: 320 1137

Dokumentation: USA
Frässatz: Aeroplan Modelle, Czechaero – www.czechaero.cz

Der Playboy SENIOR – eines der beliebtesten Motormodelle beim Antikfliegen in Bad Neustadt an der Saale, Bayern.

Super Antares

Konstrukteur: J. Broz
Jahr: 1946
Spannweite: 1.700 mm

Bauplan-Bezug: Verlag für Technik und Handwerk neue Medien GmbH, Bestellnummer: 320 1301
Dokumentation: Tschechien

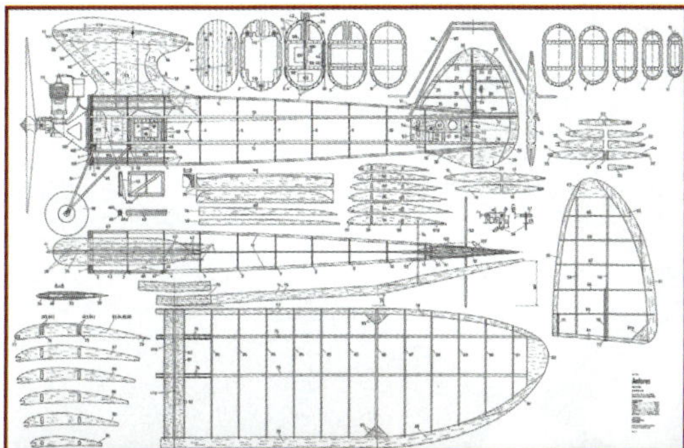

Die tschechische Konstruktion Super Antares beim Antikfliegen in Bad Neustadt an der Saale, Bayern.

Brummer

Konstrukteur: Wilhelm Haas
Jahr: 1938
Spannweite: 1.650 mm

Bauplan-Bezug: Paul Hucke Archiv, Verlag Walter Kratzsch Motoren
Frässatz: Aeroplan-Modelle

Das Modell Brummer mit vorbildlichem Design beim Antik-Modellfliegen in der Flugwerft Schleißheim, Bayern.

Junior 60

Konstrukteur:	V. Albert und E. Hattull	**Bauplan-Bezug:**	Paul Hucke Archiv
Jahr:	1946		Dokumentation: USA
Spannweite:	1.600 mm	**Frässatz:**	Aeroplan Modelle

Das Modell Junior 60 mit Glühzünder-Motor beim Antikfliegen in der Flugwerft Schleißheim, Bayern.

Viking

Konstrukteur: Bob Boucher (Model Builder)
Jahr: 1938
Spannweite: 1.219/1.600 mm (48/63 inch)
Bauplan-Bezug: Paul Hucke Archiv
Outzerzone free plans

Das Oldtimer-Modell Viking beim Antikfliegen in Bad Neustadt an der Saale.

Funk-Star

Konstrukteur: Werner Kruse
Jahr: 1957
Spannweite: 1.900 mm

Bauplan-Bezug: Paul Hucke Archiv
Frässatz: Schupik Modellbau

Der Funk-Star beim Antiktreffen in der Flugwerft Schleißheim, Bayern.

Wrightflyer-Derivat

Konstrukteur: Unbekannt
Jahr: Unbekannt
Spannweite: 1.550 mm

Eine freie Konstruktion nach dem Wright Flyer beim Antikflugtag in Schleißheim, Bayern.

Spook

Konstrukteur: Barney Snyder und John Muir
Jahr: 1940
Spannweite: 1.220 mm (48 inch)

Bauplan-Bezug: Paul Hucke Archiv
Outerzone free plans,
Bausatz für 72 inch
Modell: hangaronekits.com

Das Modell Spook in verschiedener Ausführung.

Mercury

Konstrukteur: Ben Shereshaw
Jahr: 1939
Spannweite: 1.830 cm (72 inch)

Bauplan-Bezug: Outerzone free plans
Bausatz: hangaronekits.com

Die Mercury, entstanden aus einem Hangaronekits-Bausatz.

Kapitän

Konstrukteur: Karl Heinz Denzin
Jahr: 1957
Spannweite: 1.070 mm

Bauplan-Bezug: Verlag für Technik und Handwerk neue Medien GmbH, Bestellnummer: 324 1702

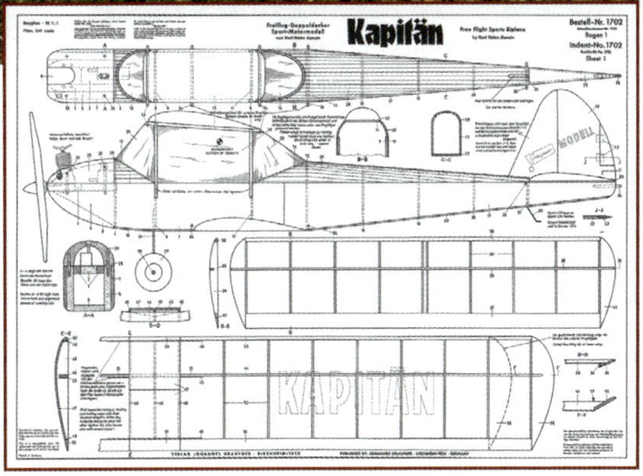

Das nach einem Frässatz von „Schupik Modellbau" gebaute Graupner-Modell Kapitän.

RC 1 Stegmaier Weltrekordmodell

Konstrukteur: Karl Heinz Stegmaier
Jahr: 1953/1957
Spannweite: 1.740 mm (Version von 1953)
Gewicht: 3.200 g

Bauplan-Bezug: Verlag für Technik und Handwerk neue Medien GmbH, Bestellnummer: 320 0096

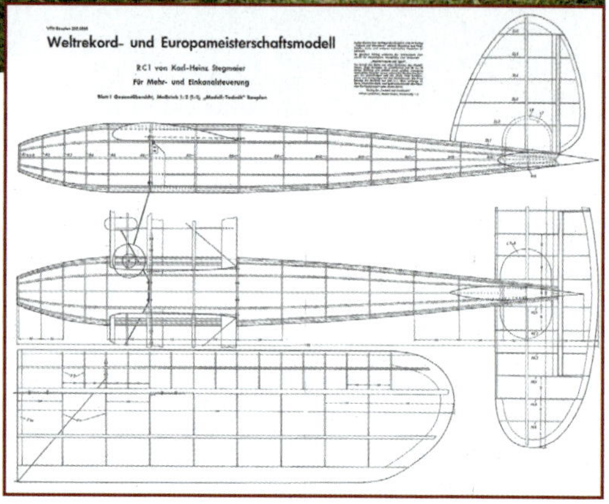

Die Nachbauversion von 1957 mit Querruder und Elektronantrieb. Das Stegmaier-Modell war ursprünglich ausgestattet mit einem Ruppert Boxer 8,5 ccm und gewann zehn Deutsche Meisterschaften sowie zwei Europameisterschaften.

Tourist

Konstrukteur: Karl Heinz Denzin
Jahr: 1959
Spannweite: 1.172 mm

Bauplan-Bezug: Verlag für Technik und Handwerk neue Medien GmbH, Bestellnummer: 324 1698

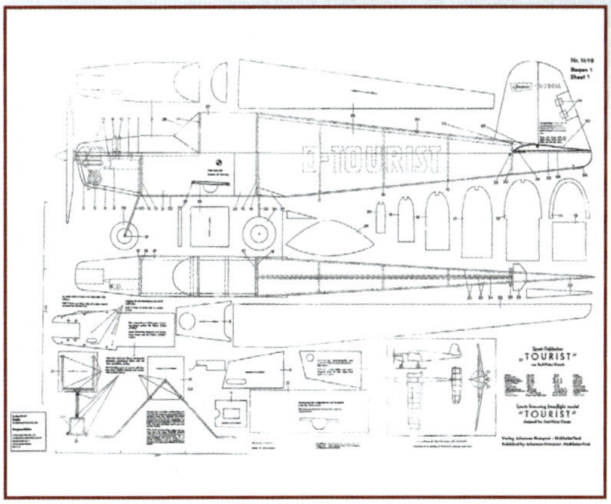

Der Graupner Tourist beim Antikfliegen 2020 in der Flugwerft Schleißheim, Bayern.

Satyr

Konstrukteur: J. Smola
Jahr: 1943
Spannweite: 1.650 mm (65 inch)

Bauplan-Bezug: Verlag für Technik und Handwerk neue Medien GmbH, Bestellnummer: 320 0810
Bausatz: Czechaero – www.czechaero.cz

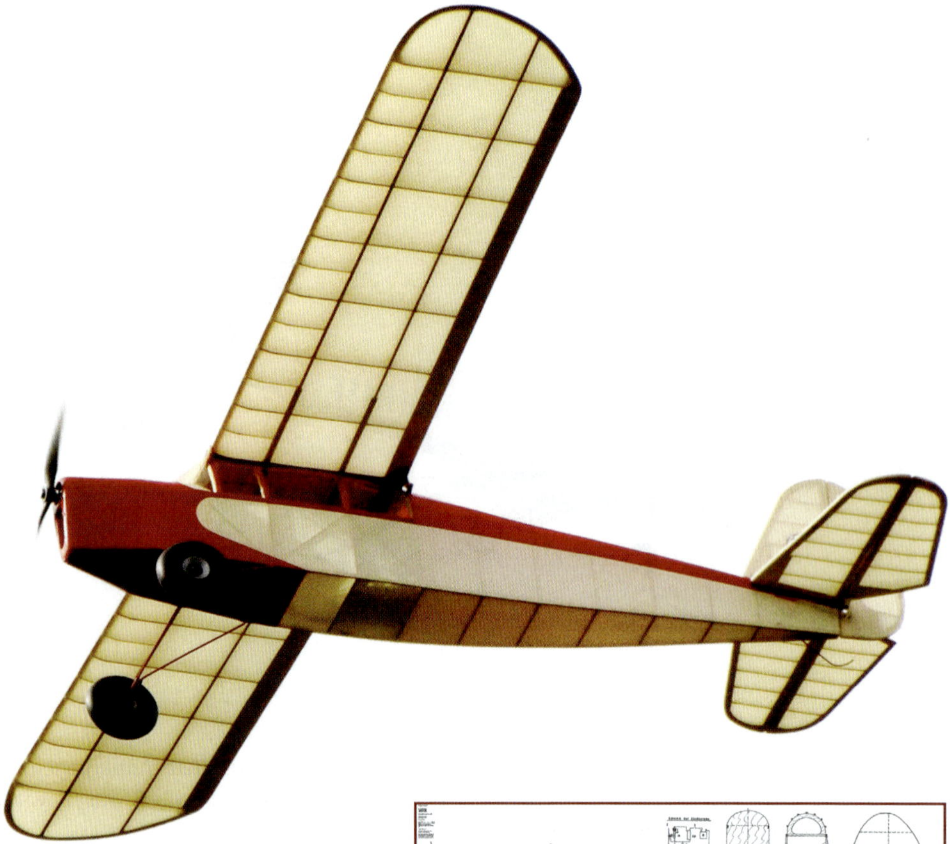

Der elektrifizierte Satyr beim Antikfliegen 2020 in der Flugwerft Schleißheim, Bayern.

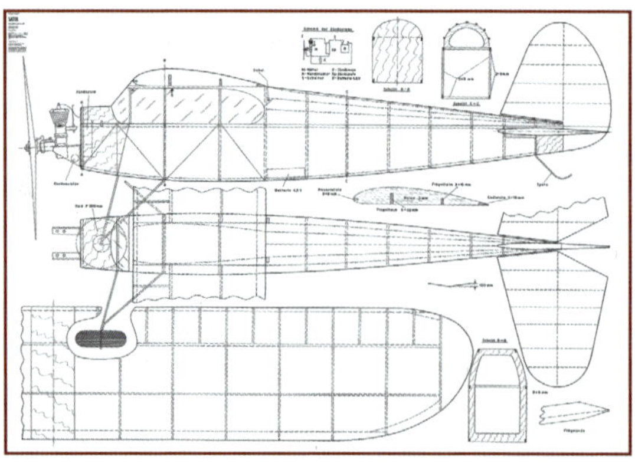

K4

Konstrukteur: Walter Kratzsch
Jahr: 1938
Spannweite: 3.000 mm
Bauplan-Bezug: Paul Hucke Archiv

Das Modell K4 mit 30-ccm-Kratmo-Replica-Motor. Im Jahr 1938 war es das größte Motormodell!

Möbius

Konstrukteur: Curt Möbius
Jahr: 1937
Spannweite: 2.800 mm
Bauplan-Bezug: Paul Hucke Archiv

Der Möbius mit einem Kratmo 30 ccm. Dieses Modell vollführte den ersten Motorflug in den Borkenbergen, Nordrhein-Westfalen.

SV-1

Konstrukteur:	Jan Jancarik	**Gewicht:**	2.100 g
Jahr:	1946	**Bauplan-Bezug:**	www.sam78.cz
Spannweite:	1.800 mm		

SAM-Modell aus Tschechien – eine beeindruckende Konstruktion.

Superslicker

Konstrukteur: Bill Dean
Jahr: 1948 (42 inch)
Hier: 60 inch Version LDS Laser Design Services

Spannweite: 1.524 mm (60 inch)
Bauplan-Bezug: Outerzone free plans
Laserteile-Satz: LDS Laser Design Services

Ein vergrößertes Modell des Keil Kraft Slicker. Dieses war um 1947 ein sehr beliebtes Wettbewerbsmodell.

Hier sieht man ein Skelett des Modells Superslicker in der Bauphase.

Knilch

Konstrukteur: Karl-Heinz Denzin
Jahr: 1962

Spannweite: 880 mm
Bauplan-Bezug: Paul Hucke Archiv

Der Knilch mit 1-ccm-Schlosser-Diesel beim Antikfliegen in Bad Neustadt an der Saale, Bayern.

Modellverzeichnis

Bannsperber
Zlin Z 24 Krajanek
Alstermöwe GH49
Bird of Time
Bowlus Baby Albatross
Volus
KHD 137 Edith
The Condor
A3 (Ringflügel)
Blauvogel II
RO 4 – Olympia
Stiegker
HAST
Kiebitz
Pilot 4
Adler (Schweiz)
Gro 201 Jaguar
KANE
Sokol
Schlauchkurbler
Jedelsky Storch
Kondor II
Der große Reiher
Austria Meise II
Condor 1937
Adler
URUBU-A3
Zahnstocher
Wolkenbeißer
Lo 29
Aurikel
Fafnir
R 25-Condor II
Passat 54 / Passat 57
Mu-118 Munufunkulus
Sturmvogel
Weihe 50
Spinne 54
Wölkchen
Jupiter V
Recorder
Schwalbe
Star III
Wolkenbummler
ETB 37
ETB 35
Monsun
Graubele 3
Strolch
Kirschke Baby
Milan 3
Seraph
Grazer Urubu
Milan (Nurflügel)
Ikarus
Windspiel
G-41
A.M. 9
ERWA 8
K.H.D. 140 Sirius
Mitteldecker
Möwe (Doppelrumpf)
Hans Huckebein
Der große Winkler 1930
HAW X Kondor II
Ursinus
Jaguar
Wolkensegler
Minimoa
Greif
Sperber We 371
Der große Winkler 1936
Amigo II
Jelmoli 3
RamphorMax
Kurwi 68
Leipziger Flügel
KRIA
Super Sinbad 93
Komar IS-B
La Libellule
Skalla A2-VB
Goldhahn
K 3
Pou du Ciel
Etrich-Rumpler Taube
Miss America
Le Veau Lent
Riedstern
Scorpion
Super Buccaneer
Borzoni
K 8
Valkyrie
HS 100
Playboy SENIOR
Super Antares
Brummer
Junior 60
Viking
Funk-Star
Wrightflyer-Derivat
Spook
Mercury
Kapitän
RC 1 Stegmaier
Weltrekordmodell
Tourist
Satyr
K4
Möbius
SV-1
Superslicker
Knilch

Bezugsquellen

Polyestervlies 22 g/m²:
Aeroplan Modelle – www.aeroplan-modelle.de
Modellbau Patrick Kuban, Tel.: 08330-93342

Polyester Futterstoff circa 50 g/m²:
www.TOLKOStoffe.de – Futterstoff/ Deko-Stoff zum Nähen Leicht, halb-durchsichtig Polyester, Artikel-Nr.: 168918

Aerolon Spannlack, Klebelack, Spannlackverdünnung:
www.Friebe.aero.de

EZE Dope (wasserverdünnbarer Spannlack):
verschiedene Modellbaushops, beispielsweise: Lindinger, Berlinski, Höllein, Ripmax, usw.

Balsaholz, Kiefernleisten:
Heerdegen Balsa – www.heerdegen-balsaholz.de

Herstellung professioneller Wasserschiebebilder:
www.drucker-onkel.de

Folienplotter:
www.silhouetteamerica.com

Decorfolie Ritrama M300:
www.y-o-w.com

Wasserschiebefolien, Decalfolien, Vinylfolien:
Sattleford, Ebay, Amazon
Replica-Dieselmotoren

LETMO MD 2,5, Super Atom 1,8 und 040 Pb Classic Diesel:
PAF Flugmodelle

Kratmo-Modifikationen und Überholservice:
Joachim Graf – joagra1@web.de

Bausätze/Frässätze von Antik- und Classicmodellen (Auswahl):
www.shop.strato.de/ – PAF Flugmodelle
www.hangaronekits.com
www.benbucklevintage.com
www.modellbau-ostheimer.de
www.modellbaustudio.de
www.rc-airplane-world.com
www.sussex-model-centre.co.uk
www.schupik.wordpress.com/ – Schupik Modellbau
www.aeroplan-modelle.de – Aeroplan Modelle
www.czechaero.cz/ – Antikbausätze
www.store.laser-design-services.com/ – Lasersätze, Antikmodelle, USA

Anhang

Die Antik-Modellflugfreunde Deutschland e. V.

Der Verein entstand im April 1984 in Winterberg aus einer Interessengemeinschaft von etwa zehn Modellfliegern, die sich früheren Modellen und deren Bauweisen gewidmet hatten. Man hatte das Anliegen, den frühen Modellflug und seine Wurzeln wiederzubeleben und so ein Stück Kultur zu erhalten. Inzwischen ist der Verein auf circa 320 Mitglieder gewachsen, die eine große Modellpalette abdecken. Satzungsgemäßes Ziel des Vereins ist die Förderung und Pflege des Antikmodellbaus und des historischen Modellflugs. Viele Mitglieder des Vereins wenden sich heute von dem industrialisierten und pekunisierten Modellflug ab – sie bauen und fliegen wieder althergebrachte Modelle. Die Vereinsmitglieder erfreuen sich auch an den alten Formen, die sich besser in die Natur einfügen als technisch optimierte Einheitsmuster. Es wird bei den Antikfliegern sozusagen auch ein gewisser Protest gegen die heutige Entwicklung im Modellflug sichtbar.

Die Vereinsmitglieder pflegen auch Kontakte ins Ausland – wie zu Antikfliegern aus Frankreich, der Schweiz, Österreich und Italien sowie auch Norwegen, Schweden, Ungarn, Tschechien und viele mehr. Auch mit der MECA (Model Engine Collectors Association) gibt es regen Austausch. Einige Mitglieder haben sich abgespalten und gehören der SAM Deutschland, Chapter 85 an. Die SAM (Society of Antique Modelers) ist ein weltweiter Verbund von circa 2.000 Antik-Modellfliegern. Sie hält auch Europameisterschaften ab. Eine davon fand in Italien statt und zwei weitere in Bad Neustadt und Suhl-Goldlauter in Deutschland.

Das Mitteilungsblatt der AMD – die „Antikrundschau" – erscheint unter der Redaktion von Reinhard Fuhr viermal jährlich.

Die Vorstandschaft besteht derzeit aus dem ersten Vorstand Hans-Ulrich Fischer und Horst-Ulrich Schulz als zweiten Vorstand. Des Weiteren ist Robert Kränzlein Schatzmeister und Thomas Krenzer Schriftführer der „Antikrundschau“. Der Mitgliedsbeitrag beläuft sich auf 35 Euro im Jahr und schließt den Bezug der Antik-Rundschau ein.

Die Webseite der Antikmodellflugfreunde Deutschland informiert laufend über Aktuelles, Termine und zeigt Fotos von den Antiktreffen aus ganz Deutschland.

Die Antikmodellflugfreunde e. V. treffen sich jährlich Anfang September auf der Wasserkuppe zum Horst Winkler Gedächtnisfliegen und auch im nahegelegenen Bad Neustadt, wo der Flugplatz für Motormodelle genutzt wird. Rund ein Dutzend Antikmodelltreffen finden jährlich verteilt über ganz Deutschland statt. Die Saison endet regelmäßig am 3. Oktober mit einemen Treffen auf dem Gelände der Flugwerft des Deutschen Museums in Oberschleißheim bei München.

Von Wettbewerben mit Zeitmessungen und Bewertungen von Ziellandungen hat sich die AMD vor einiger Zeit losgesagt. Es gibt also derzeit nur Freundschaftstreffen und Vergleichsfliegen.

Eine der markantesten Persönlichkeiten der Antik-Szene war Paul Hucke. Er hat mit seiner Plansammlung aus circa 2.000 Exemplaren das Paul Hucke Archiv gegründet. Dieses führt nun seine Tochter Marion Frank mit ihrem Ehemann weiter (www.paulhucke-archiv-antik.de).

Ansprechpartner für den Verein:

Hans-Ulrich Fischer:
fischer.hans-ulrich@t-online.de,
Tel.: 03641-829849
Horst-Ulrich Schulz:
HUSCH-AMD@t-online.de,
Tel.: 0241-550496

Das Paul Hucke Archiv

Das ARCHIV PAUL HUCKE wurde in den achtziger Jahren von Paul Hucke ins Leben gerufen. Historische Baupläne hat er fachmännisch restauriert, systematisch registriert und aufbewahrt sowie archiviert. Hucke war Gründungsmitglied der AMD und ist im Jahr 2003 nach langer Krankheit verstorben. Das Archiv wird jetzt von seiner Tochter Marion Frank und deren Ehemann Ewald Frank weitergeführt. Das Archiv beinhaltet eine Sammlung von Plänen und Literatur über Modellflugzeuge und Modellmotoren. Etwa 2.000 Pläne antiker Flugmodelle sind dort archiviert. Diese dokumentieren vornehmlich die Modellflugära bis 1960 in Mitteleuropa. Für folgende Flugmodelltypen sind im Internet Listen der verfügbaren Baupläne ersichtlich:

- Segelflugmodelle
- Verbrennermotormodelle
- Gummimotormodelle
- Saalflugmodelle
- Fesselflugmodelle
- Modellmotoren

Die Planlisten können kopiert, in Excel eingefügt und dann ausgedruckt werden. Die Seitenangaben in den Listen verweisen auf den über 200-seitigen und bebilderten Gesamtkatalog, welcher beim „Archiv Paul Hucke“ erhältlich ist. Dieser, in langwieriger Arbeit erstellte Katalog, wurde unter Mitwirkung vieler ANTIK-Modellflieger aus der Bundesrepublik Deutschland sowie der ehemaligen DDR erstellt. Die Mithilfe der ANTIKEN Modellflieger aus Österreich, Ungarn, Schweden, Italien und Tschechien soll hier besonders erwähnt werden. Allen wird hiermit unser Dank ausgesprochen. Die Plankopien und den Katalog gibt es nur in Papierform. Beides wird zum Selbstkostenpreis zur Verfügung gestellt.

„Archiv Paul Hucke"

Marion und Ewald Frank
Rosenweg 6
74420 Oberrot
Tel.: 07977 89101
Mail: ewald.frank-ob@t-online.de
Web: www.paul-hucke-archiv-antik.de

Notizen

Notizen